航空基础理论及航空文化研究

房传新　著

北京工业大学出版社

图书在版编目（CIP）数据

航空基础理论及航空文化研究／房传新著. —北京：
北京工业大学出版社，2018.5
ISBN 978-7-5639-6298-3

Ⅰ. ①航… Ⅱ. ①房… Ⅲ. ①航空学②航空—文化研
究 Ⅳ. ①V2

中国版本图书馆 CIP 数据核字（2018）第 146206 号

航空基础理论及航空文化研究

著　　者：房传新
责任编辑：刘子阳
封面设计：王　斌
出版发行：北京工业大学出版社
　　　　　（北京市朝阳区平乐园 100 号　邮编：100124）
　　　　　010-67391722（传真）　　bgdcbs@ sina. com
出 版 人：郝　勇
经销单位：全国各地新华书店
承印单位：保定市西城胶印有限公司
开　　本：787 毫米×960 毫米　1/16
印　　张：13.5
字　　数：242 千字
版　　次：2018 年 5 月第 1 版
印　　次：2018 年 5 月第 1 次印刷
标准书号：ISBN 978-7-5639-6298-3
定　　价：52.00 元

前　言

随着经济的发展和全球化的深入，航空业占据的地位也越来越重要，不管是战略地位的太空探索，还是与人民生活息息相关的民航运输。其中任何一项事物的研究进展都会对国人的生活造成影响。经过几十年的发展，中国航空终于从无到有，从弱变强，这都是几代人艰辛探索的结果，虽然在太空的探索以及军用航空方面，我们取得了非凡的成就，民用航空也逐渐发展出了拥有自身特色的产品，但在市占率方面还要有所突破。如何应对市场经济的严峻挑战和激烈竞争，不断缩小航空硬件方面的差距，减小或缓解技术层面的竞争成为当代航空人的重要使命。

在航空经济蓬勃发展的历史境遇下，航空经济与伴随而生的航空文化融合发展、共生共进，既是历史唯物主义规律的一种必然结果，也是对经济发展新常态的一种适应。本书在讨论航空基础理论的同时，也针对应运而生的航空文化进行了详细分析。

本书共分为六章。第一章的内容为航空的发展概况，主要从航空的概念与范围、世界的航空发展以及中国的航空发展三方面展开阐述；第二章主要针对航空器与飞行进行分析，内容为民用航空器的分类与发展、飞机的基本结构与动力、飞行的基本原理和飞机的飞行控制；第三章的内容为飞机与发动机的基本构造，从飞机的基本构造和航空发动机两方面展开分析；第四章主要针对的是飞行环境和空中交通管理，分别从飞行环境和空中交通管理两方面展开探讨；第五章的内容为空港；主要从空港的构成与管理、空港的发展与规划和国内主要空港数据及机场三字代码三方面进行阐述；第六章也是本书的最后一章，主要针对航空的理论与实践文化进行研究，主要内容为航空的理论文化和航空的实践文化。

作者在撰写本书的过程中，广泛吸取了多位学者关于航空理论基础以及航空文化的研究与探讨，但囿于时间和精力以及作者的能力所限，虽然在写作的过程中力求完美，仍然存在不足与疏漏，望专家和广大读者及时指正，以使本书更加完善。

作　者
2018 年 5 月

目　录

第一章　航空的发展概况

作为一种相对复杂并有很大战略价值的行业，航空不仅是一个国家或民族的发展基石，对人的生活来说，航空的价值也非同凡响。本章我们将对航空的基本发展情况进行详细阐述。

第一节　航空的概念与范围

一、航空的基本认识

人类利用载人或不载人的飞行器在地球大气层中的航行活动就可以称为航空。航空囊括的范围很大，气球、飞艇是利用空气的浮力在大气层内飞行；飞机则是利用与空气相互作用产生的空气动力在大气层内飞行。飞机上的发动机依靠飞机携带的燃料（汽油或煤油）和大气中的氧气工作。

二、航空的范围

直到今天，人们依然无法确定大气层的外缘距地面的具体高度，通常情况下认为距地面 90~100km 是航空和航天范围的分界区域。航空按其使用方向有民用航空和军用航空之分。

（一）民用航空

民用航空与人类的生活息息相关，泛指使用各类航空器从事除了军事性质（包括国防、警察和海关）以外的所有的航空活动。根据不同的飞行目的，民用航空分为商业航空和通用航空两大类。

1. 商业航空

商业航空也称为航空运输，是指以航空器进行经营性的客货运输的航空活动。它的经营性表明这是一种商业活动，以营利为目的。它又是运输活动，这类运输服务主要由国内和国际干线客机、货机或客货两用机以及国内支线运输机完成。这种航空活动是交通运输的一个组成部门，与铁路、公路、水路和管道运输共同组成了国家的交通运输系统。

尽管航空运输在运输量方面和其他运输方式相比，较少，但由于其具有快速、远距离运输的能力及高效益的特点，航空运输在总产值上的排名不断提升，而且在经济全球化的浪潮中和国际交往上发挥着不可替代的、越来越大的作用。航空运输作为民用航空的一个部分划分出去之后，民用航空的其余部分统称为通用航空，因而通用航空包括多项内容，范围十分广泛，大致可以分为以下几种类型。

（1）工业航空

包括使用航空器进行工矿业有关的各种活动，具体的应用有航空摄影、航空遥感、航空物探、航空吊装、石油航空、航空环境监测等。

（2）农业航空

包括为农、林、牧、渔各行业提供的航空服务活动。其中如森林防火、灭火、撒播农药，都是其他方式无法比拟的。

（3）航空科研和探险活动

包括新技术的验证、新飞机的试飞以及利用航空器进行的气象天文观测和探险活动。

（4）飞行训练

包括除培养空军驾驶员外培养各类飞行人员的学校和俱乐部的飞行活动。

（5）航空体育运动

用各类航空器开展的体育活动，如跳伞、滑翔机、热气球及航空模型运动。

（6）公务航空

大企业和政府高级行政人员用单位自备的航空器进行公务活动。跨国公司的出现和企业规模的扩大，使企业自备的公务飞机越来越多，公务航空已成为通用航空中一个独立的部门。

（7）私人航空

私人拥有航空器进行航空活动。

2. 通用航空

在我国通用航空主要指前面 5 类，后两类在我国才开始发展，但在一些航空强国，公务航空和私人航空所使用的航空器占通用航空的绝大部分。

（二）军用航空

用于军事目的的一切航空活动，主要包括在作战、侦察、运输、警戒、训练和联络救生等领域的就可以称之为军用航空。军用航空可以使用轻于空气的航空器，如气球和飞艇，也可以使用重于空气的航空器，如飞机、直升机和滑翔机等。在现代高科技战争中，夺取制空权是现代战争取胜的重要手段，也是军用航空的主要活动。

现代军用航空活动主要依靠军用飞机来完成。军用飞机是直接参加战斗、保障战斗行动和军事训练的飞机总称，是航空兵的主要技术装备。它主要包括歼击机、轰炸机、歼击轰炸机、强击机、反潜巡逻机、武装直升机、侦察机、预警机、电子对抗飞机、炮兵侦察校射飞机、水上飞机、军用运输机、空中加油机和教练机等。飞机大量用于作战，使战争由平面发展到立体空间，对战略战术和军队的组成等产生了重大影响。

第二节　世界的航空发展

一、古代的飞行尝试

从古至今，不管是东方还是西方，人类最基本的愿望就是通过人力飞行遨游太空。人类飞行最早受到动物，特别是鸟类飞行的启发。飞行的最初尝试是单纯模仿鸟类飞行的飞人试验。

我国西汉王莽时代，有人用羽毛（鸟羽）做成两只大翅膀装在身上，并在头和身上沾满羽毛，模仿鸟类飞行，结果飞行了数百步才落地，这是人类最早的飞行尝试。中世纪，西方也有一些"跳塔人"试图模仿鸟类扑翼飞行。1487年，意大利画家达·芬奇曾画过一个扑翼机设想图，如图1-2-1所示。1673年，法

图1-2-1　达·芬奇扑翼机设想图

国锁匠也曾研制过一个"飞行十字架"，但这些飞行尝试都以失败告终。此后，人们开始转向轻于空气的飞行器的研究。

二、风筝、气球和飞艇

可以这么说，航空器的始祖就是中国的风筝。在中国风筝又称纸鸢，大约已经有了 2000 年的历史。相传最早的风筝出自楚汉相争时的韩信之手，并有两种传说。唐代的传说是，当韩信把项羽围困在垓下后，就做了一个很大的纸鸢，让身材轻巧的张良坐其上，高唱楚歌，以瓦解楚军军心；宋代的传说是，韩信利用风筝测量距离，想用地道战法攻进未央宫。不过在当时技术水平较低的条件下，风筝载着张良飞上天去未必能实现。风筝传到西方后，它的滑翔原理成了飞机空气动力学方面最有价值的飞行机理之一。几千年来，我国劳动人民在实现飞行这一美好愿望的努力中有过许多重要的发明创造。在风筝出现之前，春秋战国时期的墨子和公输班曾制造过能飞的木鸟，又称木鸢。五代时期出现的孔明灯，又叫松脂灯，被看成现代热气球的雏形。东晋时代创造了名为"竹蜻蜓"的玩具，其原理和今天的直升机非常类似。

图 1-2-2 最早的热气球

法国造纸商蒙哥尔费兄弟在 18 世纪的一天，看到碎纸屑在火炉中不断升起，受到启发，用纸袋聚热气做实验，使纸袋能够随着气流不断上升。1783 年 6 月，蒙哥尔费兄弟首次研制出利用热气上升的热气球，如图 1-2-2 所示。同年 11 月 21 日，两个法国人乘坐蒙哥尔费气球在 1 000m 高的空中，飞行了 12km，完成了人类首次乘坐航空器飞行的伟大壮举。随后，法国人查理又研制成功载人氢气球。

热气球的出现，某种程度上虽然满足了人们对于飞翔的一种愿望，但由于其不可操纵性，人们只能跟着随风飘动的气球，至于到达何方，完全听天由命，这种不能操纵的特性后来已经逐渐不能满足人们的需求，1852 年，法国人吉尔制成了最早的带动力、可操纵的飞艇，如图 1-2-3 所示。但因操纵不良，未能返回原地。直到 1900 年，德国齐柏林的硬式飞艇完善了操纵系统，才使飞艇成为第一种空中交通工具。

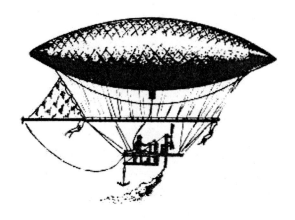

图 1-2-3　最早的飞艇

三、滑翔机和飞机

随着时间的不断推移，再加上气球和飞艇的升空成功以及在制作过程中形成的技艺，这些为人类制造更加复杂的其他飞行器甚至是飞机积累了丰富的经验。人们逐渐意识到，要使飞行器能够成功飞行，必须解决它的升力、动力和稳定操纵问题。

19 世纪初，英国的乔治·凯利爵士仔细研究了风筝和鸟的飞行原理，首次提出升力和阻力的概念。他于 1809 年制造了第一架滑翔机，并进行了试飞。奥托·李林塔尔是德国工程师和滑翔飞行家，世界航空先驱者之一。他最早设计和制造出实用的滑翔机，被人们称为"滑翔机之父"，于 1891 年制作了第一架固定翼滑翔机，两机翼长 7m，用竹和藤做骨架，骨架上缝着布，人的头和肩可从两机翼间钻入，机上装有尾翼，全机质量约为 20kg，很像展开双翼的蝙蝠。塔尔李林把自己悬挂在机翼上，从 15m 高的山上跃起，用身体的移动来控制飞行。滑翔机在气流作用下，轻盈地滑翔，在 90m 外安全降落，从而肯定了曲面翼的合理性。这是世界上第一架悬挂滑翔机，如图 1-2-4 所示。1891~1896 年，李林塔尔一共制作了 5 种单翼滑翔机和 2 种双翼滑翔机，先后进行了 2 000 多次飞行试验。1896 年 8 月 9 日，他驾驶滑翔机在里诺韦山遭遇强风而坠落，当日死去。他留给后人的最后一句话是必须做出牺牲。

时间来到 19 世纪末，这时候人们已经不满足这种只能依靠风力来进

图 1-2-4 李林塔尔进行的最早的滑翔试验

行的飞翔，再加上当时发动机的技术已经逐渐成熟，有人就开始希望能通过发动机摆脱风力对飞翔的影响。美国人莱特兄弟潜心钻研李林塔尔的著作和他的实践经验，终于在 1903 年制造出了第一架依靠自身动力进行载人飞行的飞机——"飞行者" 1 号，如图 1-2-5 所示，并且获得试飞成功。飞机飞行 59s，最高时速达 46km，航程为 260m。

图 1-2-5 莱特兄弟及 "飞行者" 1 号飞机

虽然中国错过了第一次工业革命，但这并不是说中国就是完全的拿来主义。20 世纪初，中国也有不少研究飞机的人，如厉汝燕、刘佐成、李宝俊、谭根等，他们积极从事航空活动、发表文章、筹办工厂制造飞机。其中成绩最好的是冯如，他从 1907 年开始设计制造飞机到 1909 年 9 月 21 日试飞成功。他设计的飞机飞行高度为 200m，时速达 100km，航程为 30km，达到世界先进水平，如图 1-2-6 所示。冯如于 1912 年 8 月 25 日在广州进行飞行表演时，飞机不幸失事，享年 29 岁。

图 1-2-6　冯如及中国第一架飞机

四、活塞式飞机发展的三个阶段

（一）双翼机时期

飞机发明没有多长时间，第一次世界大战爆发，飞机由于其独特的优势很快就被应用到了战争中。1914 年 7 月 28 日，第一次世界大战开始，交战双方的飞机上还没装有武器，只用于侦察。但不久，飞机就用来攻击目标了。1914 年 8 月 14 日，一对法国双翼机向德国的飞机库投下了炸弹；11 月 21 日，3 架英国飞机轰炸了柏林飞艇的机库；德国飞机于 12 月 19 日也在英国土地上投下了 3 枚炸弹。

第一次飞机对飞机的攻击没有明确记载，但是在执行侦察任务的飞行员之间曾用手枪和步枪相互射击。第一次世界大战时所用的飞机大多数是双翼机，敞开的座舱、固定的机轮，制造飞机的材料主要是优质木材，外面再蒙上结实的亚麻布或者棉布，飞机的头部装有带螺旋桨的活塞式发动机。为了使飞机的威力更大，在飞机上还装上了机枪和射击协调器。1917 年，德国人首先在飞机上安装了装甲，接着又在飞机上装了自动投弹机构和简单的瞄准装置。

（二）单翼机时期

在航空发展初期，为了解决升力和重力的矛盾，不得不增大机翼的面积，故而采用了双翼机或多翼机的形式。这种形式大约一直保持到 20 世纪 20 年代。随着飞机速度的不断提高，双翼机机翼及支柱的阻力越来越大，成为提高速度的主要障碍。从 20 世纪 30 年代起，双翼机逐渐被单翼机取代，敞开式的座舱改用透明的座舱罩封闭起来，由固定式起落架改为收放式的，飞机外形更加光滑和呈流线型，制造飞机的材料由木材、棉布改用硬铝，出现了全金属飞机。

（三）活塞式飞机的全盛时期

第二次世界大战中的飞机作战规模与第一次世界大战相比，已经到了一种无法比拟的时代，那时候飞机几乎已经成为战争中的杀手锏，各国纷纷投重金研制不同型号的飞机。1945 年，苏军在攻克柏林的战役中，就集中了 8 400 架飞机，共出动了 91 384 架次，投弹 14 528t；德国出动了 3 300 架飞机。双方出动的飞机共达 11 000 多架。在 1944 年渡过英吉利海峡进入欧洲的战役中，仅仅美国空军就集中了 10 637 架各式飞机，其中包括战斗机 8 351 架。1939～1945 年主要作战飞机都是活塞式飞机，从生产上看各国已形成了一个大规模的新型工业体系，许多国家建立了庞大的航空研究机构；从飞机的性能上看，活塞式螺旋桨发动机飞机速度达到 755km/h，已接近这种飞机的极限速度，飞机的战术、技术性能也达到了顶峰，所以说这段时期是活塞式飞机的全盛时期。

五、喷气式飞机时代

由于活塞式飞机存在外形阻力大、发动机功率小、质量大、螺旋桨在高速时效率低等缺点，使其发展必然受到限制，只能用于低速飞行。在活塞式发动机的发展受到限制后，产生了一种新的动力装置——喷气发动机。它具有质量轻、推力大的优点，装在飞机上可以大大提高飞行速度。1939 年，德国制造了世界上第一架喷气发动机 He-178 型飞机，随后苏联、美国也相继制造出米格-15、F-80、F-86（图 1-2-7）等型号的第一批喷气式飞机，并投入朝鲜战争。

喷气式飞机出现以后，飞行速度很快增加到 900km/h 以上，当飞行速度进一步增加接近声速时，飞机突然出现异常，阻力剧增，升力下降，低头失控，而且翼面出现剧烈抖振，甚至导致机毁人亡，形成"声障"。为实现超声速飞行，首先必须突破声障，为此各国都致力于高速气动理论的研究，并对飞机的外形做了很大的改进，如采用大后掠角翼、尖薄翼型、尖头、细长流线机身如蜂腰机身等减阻措施，取得了显著成效。1953 年，美国第一架实用型超声速战斗机 F-100 型问世，随后苏联也出现了米格-19 型超声速战斗机。从此，航空技术又跨入超声速领域，实现了超声速飞行。

图 1-2-7　F-86 "佩刀" 型战斗机

　　喷气式飞机突破声障实现超声速飞行后，随着速度的进一步提高，高速气流的摩擦会使飞机表面温度升高，当飞行速度超过声速的 2.5 倍时，飞机表面的温度可以升到 300℃，超过铝合金材料的极限工作温度，飞机结构的强度和刚度急剧下降，气动外形破坏，危及飞行安全。这种因气动加热而引起的危险障碍，称为 "热障"。克服热障的办法是采用耐高温的材料，如不锈钢、钛合金等。美国的 SR-71 型飞机（图 1-2-8）93% 的机体表面都采用钛合金，顺利越过了热障，飞机速度超过声速的 3.3 倍。

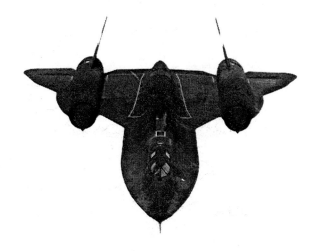

图 1-2-8　SR-71 型飞机

第三节　中国的航空发展

中国的风筝和火箭是世界公认的最古老的飞行器，这也是中国这个文明古国为世界做出的贡献。中国古代在航空方面曾有过不少成就，由于长期封建专制的统治和闭关自守的政策，阻碍着经济和科技的发展，因而中国的航空事业在中华人民共和国成立之前一直处于落后状态。

中国的近代航空始见于清朝末年。1840 年鸦片战争之后，国门打开，西方的大量学说涌入闭关自守了几千年的中国，现代航空知识也随之传入，国内出现了许多介绍氢气球、飞艇和飞机的文章及图片。一些有识之士开始摸索中国自己的航空道路。

1887 年，天津武备学堂数学教习华蘅芳自行设计制造出了中国第一个氢气球；1910 年，留日归来的李宝、刘佐成受清政府委托，在北京南苑建立了飞机制造厂棚，并于次年 4 月造出了一架飞机，但在试飞时因发动机故障而坠毁。辛亥革命之后，革命军政府组成了航空队，一些有志于航空的爱国志士纷纷投身于此，报效祖国。在众多先行者的不懈努力下，再加上军阀混战中飞机成了实力的象征，一些飞机修理厂、飞机制造厂终于成立了，开始仿制国外飞机，但仅局限于机体制造和装配，许多重要部分如发动机、金属螺旋桨等则完全依赖于进口国外成品，而且当时中国使用的绝大部分飞机都还是从国外购买的。

值得一提的是，在此期间中国航空工程人才的培养开始了，国内成立了一些航空学校和飞行训练机构，更有少数留学生负笈海外，钱学森、吴仲华便是其中的佼佼者。正当中国航空工业的萌芽在逆境中顽强生长时，战乱频起。从 1910 年清政府在南苑设厂制造飞机到 1949 年中华人民共和国成立，近 40 年的时间，中国虽然在航空方面积累了一些基础，但从来也算不上是独立的航空工业，再加上抗日战争中日军的轰炸，解放战争中国民党溃败时的破坏以及战乱中机厂的多次搬迁流离，设备损失殆尽，工厂残破瓦解。到中华人民共和国成立时，除了留下一些航空技术人才之外，仅有的一些微薄基础已荡然无存。

中国航空事业的蓬勃发展是从中华人民共和国成立之后开始的，而中华人民共和国航空工业是在飞机修理的基础上建立起来的。中华人民共和国成立后，中国航空工业只有一些设备陈旧，规模很小，厂房也很简陋的修理厂。1952 年，航空工业才开始成批修理飞机、发动机和机载设备，同时为尽快过渡到制造做准备。在从修理向仿制过渡的过程中，随着苏联专家陆续到来，各主机厂以及相继建设的机载设备厂的管理体制开始按照苏联的模式实施。1954年9月28日，新华社播发了新闻，向全国、全世界宣布中国自己制造的初教-5型飞机试制成功。初教-5型飞机在当年就生产了10架，翌年交付空军60架，到1958年共生产了379架。它标志着中国航空工业由修理开始走向制造。

1956年7月13日，全部用自制零件组装的第一架歼-5F型飞机完成总装。1956年9月9日，《人民日报》向世界宣告中国试制成功新型喷气式飞机，从而跃入了喷气机时代。至当年9月15日，共制造出4架歼-5F型飞机。这4架飞机在1956年国庆大典时，飞越天安门，接受中共中央和国家领导人的检阅。至1959年下半年停产，共生产歼-5F型飞机767架，有力地支援了人民空军建设。

早在1958年，我国就曾在大量积累仿制苏联飞机的经验的基础上，自行设计了一架喷气式飞机——歼教-1，并试飞成功。虽然由于空军飞行训练体制的变动，这种飞机最后没能继续研制和投入生产，然而却开了新中国自行设计飞机的先河。另外，还有一架由中国自行设计成功并投入大量生产的飞机，它就是最初由沈阳飞机厂设计，后转入南昌飞机厂继续设计的初教-6。该飞机于1960年12月完成鉴定飞行，1961年投入成批生产，一共生产了近1 800架。这两种飞机获得的成功说明我国已经开始了由仿制向自行设计和制造的转变。

自行设计飞机最成功的例子则是超声速强击机强-5和高空高速歼击机歼-8。承担强-5研制工作的是南昌飞机厂，于1958年8月开始设计。强-5是根据空军对强击机的实战要求，立足于当时国内的工业水平进行方案论证的，对于一些一时研制不出来的高性能专用机载设备和原材料，就采用暂时替换的方法绕过障碍，因此，很快第一架强-5飞机于1965年6月升空试飞，并于1969年底开始成批生产。强-5是中国自行设计成功的、生命力很强的优良机种，后来向国外出口。承担歼-8飞机设计任务的是沈阳飞机设计研究所，设计工作开始于1961年。在摸透了歼-7飞机的基础上，设计人员进行了大量的调查和各种试验，经过充分的方案论证，终于在1966年设计出了歼-8高空高速歼击机。1969年，第一架歼-8升空试飞。

改革开放以后，中国的航空工业除了进行强-5、歼-7、歼-8等飞机的改型外，还努力研制新一代性能更先进的飞机，其代表就是歼-8Ⅱ歼击机。歼8-Ⅱ是为满足20世纪80年代后期和90年代初期空军作战的要求而自行研制的新机种，于1981年开始由沈阳飞机设计研究所进行方案论证。1984年6月12日，第一架歼-8Ⅱ飞机升空试飞，不久便投入生产。

此外，中国的新一代主力战斗机歼-10已开始小批量生产。这一系列的成果说明，中国已经有能力自己设计高性能的战斗机，我们与发达国家的差距将会越来越小。

在努力发展军用航空的同时，我国航空工业也开始顺应世界潮流，开始转向民用。航空工业本身就是一个军民结合的产业，在战时以发展军用飞机为主，在平时就应该以发展民品为主。第二次世界大战以后，发达国家的航空工业迅速完成了从战时到平时的转变，而我国从改革开放以后，也加快了军转民的步伐，不但研制出了运7-100、运12、运8、直9等民用飞机，而且民品的生产也大大增加。由于我国在民用航空方面与发达国家的差距比在军用航空方面大得多，因此，还需要相当长的一段时间才能赶上。改革开放不但促使中国吸收了国外的一些先进技术，而且也使中国的航空工业走向世界。

第二章　航空器与飞行

在第一章中，我们详细阐述了国内外航空发展的基本概况。本章我们将着重对民用航空器以及飞机的基本结构与动力展开阐述。

第一节　民用航空器的分类与发展

一、航空器的分类

国际民航组织对航空器的定义是："任何可以从空气的反作用力取得支撑力的机器，但这里的空气反作用力不包括由空气对地面的反作用力。"这个定义对航空器进一步作了界定，把由磁力支持在空中的车辆（磁悬浮车辆）和完全由空气吹向地面而产生地面效应而支撑离地的运输工具（气垫船、地面效应飞行器）排除在航空器之外。航空器根据获得升力方式的不同分为两大类：轻于空气的航空器和重于空气的航空器。

由总体的比重轻于空气，依靠空气的浮力（空气静反作用力）而漂浮于空中的称为轻于空气的航空器。在这一类中又分为气球和飞艇，气球和飞艇的主要区别在于气球上不装有动力，它的飞行方向不由本身控制；而飞艇上装有动力，它可用本身的动力控制飞行的方向。

另一类航空器则本身重于空气，它的升空依靠自身与空气之间的相对运动产生的空气动力（气动反作用力）克服重力而升空。这类航空器分为非动力驱动的和动力驱动的两类，非动力驱动的有滑翔机和风筝，动力驱动的分为飞机（或称固定翼航空器）、旋翼航空器和扑翼机三类（图2-1-1）。

（一）飞行器的种类

如果以不同飞行器在大气中的位置进行分类，则飞行器通常分为三类，即航空器、航天器、火箭和导弹。

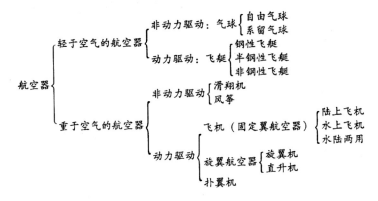

图 2-1-1　航空器的分类

1. 航空器

航空器是能在地球大气层内进行可控飞行的各种飞行器系统。任何航空器要想脱离地球的引力，升上空中就必须产生一个大于自身重力的向上的力，这是一个航空器形成的最基本的条件。根据产生向上力的基本原理的不同，航空器可划分为两大类：轻于空气的航空器和重于空气的航空器。前者靠空气静浮力升空，又称浮空器；后者靠空气动力克服自身重力升空。

（1）轻于空气的航空器

由于空气中含有不同气体，不同气体由于密度不同，自然也就有轻有重，轻于空气的航空器的主体是气囊，其中充以密度较空气小得多的气体，也就是氢气或氦气，利用大气的浮力使航空器升空。气球和飞艇都是轻于空气的航空器，二者的主要区别是前者没有动力装置，升空后只能随风飘动，或者被系留在某一固定位置上，不能进行控制；后者装有发动机、螺旋桨、安定面和操纵面，可以控制飞行方向和路线。

（2）重于空气的航空器

这种航空器之所以能脱离地球引力，主要原因就是其升力是由其自身与空气相对运动产生的。固定翼航空器主要由固定的机翼产生升力。旋翼航空器主要由旋转的旋翼产生升力。扑翼航空器又名振翼机，它是人类早期试图模仿鸟类飞行而制造的一种航空器，它用像飞鸟翅膀那样扑动的翼面产生升力和拉力。但是，由于人们对鸟类飞行时翅膀的复杂运动还没有完全了解清楚，加之制造像鸟翅膀那样扑动的翼面还有许多技术上的困难，因此，扑翼航空器至今还没有获得成功。

倾转旋翼机是一种同时具有旋翼和固定翼，并在机翼两侧梢处各装有一套可在水平与垂直位置之间转动的旋翼倾转系统组件的飞机。旋翼倾转系统处于垂直位置时，倾转旋翼机相当于横列式直升机，可垂直起降，并能完成直升机的其他飞行动作；旋翼倾转系统处于水平位置时，相当于固定翼螺旋桨飞机，所以有人把这种飞机称为"直升飞机"。

（3）飞机

由于飞机构造的复杂性，飞机的分类依据也是五花八门的，我们可以按飞机的速度来划分，也可以按结构和外形来划分，还可以按照飞机的性能、年代来划分，但最为常用的分类法为以下两种：

①按飞机的用途分类。

A．军用机：包括歼击机（战斗机）、歼击轰炸机、轰炸机、强击机（攻击机）、军用运输机、侦察机、军用教练机、预警机、电子干扰机、空中加油机、隐身飞机、舰载飞机、垂直起落机等。当然，随着航空技术的不断发展和飞机性能的不断完善，军用飞机的用途分类界限越来越模糊，一种飞机完全可能同时执行两种以上的军事任务，如美国的 F-117 战斗轰炸机，既可以实施对地攻击，又可以进行轰炸，还有一定的空中格斗能力。

B．民用机：包括旅客机、货机、民用教练机、农业（林业）机、航空运动飞机、多用途轻型飞机等。

C．研究机：包括试验机、创记录机。

②按飞机的构造分类。

A．按机翼分类：按机翼数目分为单翼机、双翼机、变翼机；按机翼与机身的相对位置分为伞式单翼、上单翼、中单翼、下单翼。

B．按尾翼分类：按尾翼位置分为正常尾翼、鸭式尾翼；按尾翼数目和形状分为单垂尾、双垂尾、三垂尾、V 形尾翼、无尾（飞翼）。

C．按机身分类：按机身分为单机身、双机身及双尾撑。

D．按发动机分类：按发动机类型分为活塞式、喷气式、涡轮螺旋桨式；按发动机数目分为单发动机、双发动机、三发动机、四或更多发动机；按发动机位置分为机身内部、机身后部、翼上短舱、翼下吊舱。

E．按起落装置分类：按起落地点分为陆上飞机、雪上（冰上）飞机、水上飞机、舰载飞机、两栖飞机；按起落方式分为滑跑起落（正常式）及垂直、短距起落。

2．航天器

在地球大气层以外的宇宙空间，基本上按照天体力学的规律运行的各类飞行器就是航天器，航天器又可以称为空间飞行器。世界上第一个航天器是苏联 1957 年 10 月 4 日发射的"人造地球卫星 1 号";第一个载人航天器是苏联航天员尤里·加加林乘坐的东方号飞船;第一个把人送到月球上的航天器是美国"阿波罗 11 号"飞船;第一个兼有运载火箭、航天器和飞机特征的航天飞机是美国"哥伦比亚号"航天飞机。航天器为了完成航天任务,必须与运载器、航天器发射场和回收设施、航天测控和数据采集网以及用户台站(网)等互相配合,协调工作,共同组成航天系统。航天系统是大型的系统工程,而航天器是执行航天任务的主体,是航天系统的主要组成部分。

航天器分为无人航天器和载人航天器。无人航天器按是否环绕地球运行分为人造地球卫星和空间探测器。人造地球卫星简称人造卫星,是数量最多的航天器,约占航天器总数的 90% 以上。它按用途分为科学卫星、应用卫星和技术试验卫星。科学卫星用于科学探测和研究,主要包括空间物理探测卫星和天文卫星等。应用卫星是直接为国民经济和军事服务的人造卫星,按用途分为通信卫星、气象卫星、侦察卫星、导航卫星、测地卫星、地球资源卫星、截击卫星和多用途卫星等。应用卫星按是否专门用于军事又可分为军用卫星和民用卫星,有许多应用卫星是军民兼用的。空间探测器又称深空探测器,按探测目标分为月球探测器、行星探测器和行星际探测器。各种行星探测器和行星际探测器分别用于探测金星、火星、水星、木星、土星和行星际空间。美国 1972 年 3 月发射的"先驱者 10 号"探测器,于 1986 年 10 月越过冥王星的平均轨道,成为第一个飞出太阳系的航天器。技术试验卫星是进行新技术试验或为应用卫星进行试验的卫星。

载人航天器按飞行和工作方式分为载人飞船、空间站、航天飞机和空天飞机。载人飞船包括卫星载人飞船和登月载人飞船。空间站是航天员在太空轨道上生活和工作的基地,又称轨道站或航天站。航天飞机是一种垂直起飞、水平降落的载人航天器,它是以火箭发动机为动力发射到太空,能在轨道上运行,且可以往返于地球表面和近地轨道之间,可部分重复使用的航天器。空天飞机是既能航空又能航天的新型飞行器。它像普通飞机一样起飞,以高超声速在大气层内飞行,在 30～100km 高空的飞行速度为12～25 倍声速,并直接加速进入地球轨道,成为航天飞行器,而返回大气层后,又像飞机一样在机场着陆。在此之前,航空和航天是两个不同的技术领域,由飞机和航天飞行器分别在大气层内、外活动。航空运输系统是重复使用的,航天运载系统一般是不能重复使用的,而空天飞机能够达到完全重复使用和大幅度降低航天运输费用的目的。我国近些年进行的载人航天已经取得了令人瞩目的成就,未来几年,我国自行拥有的空间站也将成型，到时候我国有望成为世界上唯一拥有空间站的国家，这对于未来的不管是航天发展，还是太空探索，或者是其他行业的发展来说，都具有非常重要的意义。

3. 火箭和导弹

与其他飞行器相比，火箭和导弹的功能与飞行方式相对比较特殊，它们在大气层内和大气层外均可飞行，与其他飞行器可以重复运用不同的是，火箭或导弹一般都只能使用一次。火箭是靠火箭发动机提供推进力的飞行器。火箭发动机自身携带全部推进剂，不依靠空气或其他工作介质产生推力。根据使用的能源不同，火箭可分为化学火箭、核火箭和电火箭。化学火箭又分为固体火箭、液体火箭和混合推进剂火箭。按照用途，火箭又可分为无控火箭弹、探空火箭和运载火箭。

导弹是"导向性飞弹"的简称，是一种依靠制导系统来控制飞行轨迹的可以指定攻击目标甚至追踪目标动向的无人驾驶武器，其任务是把高爆弹头或核弹头送到打击目标附近引爆，并摧毁目标。简言之，导弹是依靠自身动力装置推进，由制导系统导引、控制其飞行路线，并导向目标的武器。导弹的种类繁多，分类方法各异。根据作战使命可分为战略导弹和战术导弹，按照发射点和目标的相对位置可分为地地导弹、地空导弹、空空导弹和空地导弹四类，其中地地导弹的内涵比较丰富，包括了从地面、地下、水面和水下发射的导弹，攻击目标也有地面、水面和水下之分。根据导弹特征还可分为弹道导弹和巡航导弹。

（二）航线飞机

所谓航线飞机又称为运输机，运输机分为客机、货机和客货混装机。全世界的航线飞机大概有 2 万架，由航线飞机的飞行构成了一个世界范围的航空运输网，机群的价值和产值都占了民航飞机的大部分。航线飞机是民用航空运输的主体，尤其是旅客机占了大部分。以下对民用飞机的讨论主要以现代的旅客机为主。

1. 航程

①远程客机：航程>8 000km 以上，可完成中途不着陆的洲际跨洋飞行。

②中程客机：航程在 3 000~8 000km。

③短程客机：航程<3 000km。

在此基础上，我们又可以将客机分为干线飞机、支线飞机。

①干线飞机：指远、中程客机，一般用于国内干线和国际航线。

②支线飞机：用于支线飞行的短程客机。

2. 飞机发动机类型

①活塞式飞机：利用气体膨胀做功，产生推力。早期普遍使用此类型飞机。

②喷气式飞机：通过燃油在发动机内部燃烧，使燃料的化学能转化为机械能，同时利用反作用力把气体排向后方产生推力，包括涡轮螺旋桨式、涡轮喷气式、涡轮风扇式、涡轮轴式。

3. 发动机数量

发动机数量可分为单发、双发、三发、四发。

4. 飞行速度

①亚音速飞机：包括低速飞机（$v<400km/h$）和高亚音速飞机（M：$0.8—0.9$）。

②超音速飞机：$M>1$。

目前，多数喷气客机为高亚音速飞机类型。投入运营的超音速飞机包括苏联研制的图-144超音速客机和英法联合研制的"协和"号超音速客机。原英国飞机公司和法国宇航公司联合研制的四发中程超音速客机，1969年实现首飞，1976年1月12日正式投入航线运营。当时共生产20架，其中16架投入运营，英航、法航各占8架。一直亏损运营，依靠政府补贴。航线为巴黎—纽约，伦敦—纽约。"协和"号超音速客机于2003年正式退役。

超音速客机具有经济性差、航程短、噪声污染严重三大弱点，但仍被誉为世界上最安全、最快速的飞机。

5. 客座数

①小型飞机：客座数<100。

②中型飞机：客座数100~200。

③大型飞机：客座数>200。

6. 机身直径

①宽体客机：机身直径>3.75 m，机内有两条通道。

②窄体客机：机身直径<3.75 m，机内有一条通道。

（三）通用航空飞机

1. 公务机

所谓的公务机就是指为政府的高级官员和企业的经理人员进行公务或商务活动使用的小型飞机，也称为行政用机或商务机。其载客量较小，一般不超过 15 人，起飞质量在 10t 以下。近年来由于跨国公司和国际交往的发展，公务机发展较快。目前豪华、远距公务机起飞质量最大可达 30t，最大航程在 5 000km 以上，它的飞行性能和客机相近，有的可载客 20 人，也可做运输经营之用，这种公务机和客机间的界限就不很明显了。

2. 农业机

专门为农、林、牧、渔业服务的飞机就是农业机，这类飞机由于其功能的特殊性，有些需要进行专门设计，还有一些是由多用途飞机经改装而成的。这类飞机一般是单发动机的小型飞机，飞行速度在 400km/h 以下，飞机的仪表设备比较简单，但结构强度较高，具有良好的低空飞行性能。

3. 教练机

这种飞机通常与真正运用到实践中的飞机不同，其主要功能就是用于培养飞行人员，因此至少要有两个座位，根据培训人员的不同，教练机可以分为初级教练机和高级教练机。初级教练机用于训练学员掌握飞行技术，这种飞机通常只有一个发动机，结构简单，易于操纵，学员经培训后可到通用航空的小型飞机上做飞行员。高级教练机培训是针对经初级教练机培训合格后，想进一步掌握航线飞机驾驶技术的飞行人员而设置的，高级教练机一般是两个发动机，机上的仪表设备和飞行性能与公务机相近。

二、民用航空器的发展概况和使用要求

当前在全球范围内，飞机是主要的民用航空器，占比高达 98% 以上，只有不到 2% 为直升机，用于短途运输、农业航空、空中摄影，其他类型的航空器使用的数量极少。民用飞机种类繁多，完成着各式各样的任务。各种航空最新技术首先使用在航线飞行的飞机上，因而航线飞机的水平代表了民用航空器的最高技术水平。对民用航空器的要求主要是安全、快速、经济、舒适及符合环保要求。

（一） 安全性

航空运输的首要要求也是最重要的要求，就是安全，保障飞行安全是民航整个系统的任务。民航飞机的安全程度在不断提高，其中提高最大的是飞机的通信导航、电子设备和动力系统的革命性改进，使飞机对天气的依赖状况有了极大的改善，但由气象引发的事故，仍占事故中的相当部分。飞机的操纵和数据处理已进入自动化的阶段，由发动机和机体的故障而引起的飞行事故只占事故总数的小部分，目前事故的大部分是由人为因素造成的，解决飞行安全的研究主要集中在对人和飞机之间的界面及驾驶舱的设计和改进上，自动化使驾驶员的工作负荷大为降低，现在飞机的事故率已经降至汽车的1/20，火车的1/10，但安全性始终是航空运输要处理的首要问题。

（二） 快速

20世纪50年代起，喷气客机进入航空运输业，从这时候开始，大型民航飞机的速度稳定在高亚音速范围（800～1000km/h），进一步提高速度遇到了音速的限制。60年代末，英法联合研制了"协和"号飞机，苏联生产了TU-144超音速客机，它们的速度都达到2倍音速（2 200km/h）以上。这两种飞机在20世纪70年代初投入运营后，后者因技术问题无法解决停止了航行。"协和"号飞机一直使用到2003年，但是由于运行费用过高，环境污染问题解决不佳，在一次飞行事故后退出了航线。展望未来，超音速客机必将在经济性提高和环境污染减少之后大量进入航线，但最快也要到21世纪的20年代。

（三） 经济性

营业性飞机的主要要求就是经济性，只有有利可图，一个行业才能发展兴盛。经济性不单体现在成本和耗油率上，而且要考虑飞机在整个使用寿命期间的全部成本。最新投入航线使用的波音777飞机通过采用全新的大推力发动机，用计算机设计，大量使用复合材料，使飞机的飞行性能及经济性有了极大提高。

（四） 舒适程度

要想适应激烈的市场竞争，不仅要在以上几种性能上有所突破和提升，还有一个重要的选择条件就是舒适程度，目前飞机在使用空间、座位的舒适性、饮食、娱乐及乘客服务上都做了周到的安排和考虑。

（五）环保要求

当今社会提倡绿色环保，这也对航空业提出了同样的要求。对于航空业来说，环保方面的要求主要针对噪声和排气污染，不少国家都制定了噪声适航标准，噪声过大的飞机禁进该国飞行。通过对发动机和飞机气动性能的改进，多数航线飞机都能达到这一标准。对于排气污染，目前还尚未制定排气标准，发动机和飞机制造厂商通过各种途径减少排气污染，以减少对大气层的破坏。

第二节　飞机的基本结构与动力

一、飞机的基本结构

飞机的基本部分可以分为机身、机翼、尾翼、起落架、动力装置和仪表设备等几个大部分，如图 2-2-1 所示，通常我们把机翼、机身、尾翼、起落架这几个构成飞机外部形状的部分合称为机体。

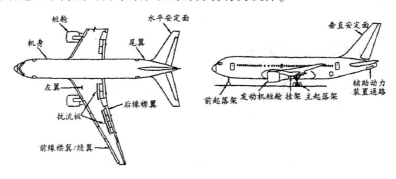

图 2-2-1　飞机的各部分名称

（一）机翼

机翼是飞机产生升力的主要来源，因而它是飞机必不可少的部分，机翼除了提供升力外，还作为油箱和起落架舱的安放位置。

①翼根：翼根是机翼和机身的结合部分，这里承受着机身重力及由升力和重力产生的弯矩，是机翼受力量大的部位，也是结构强度最强的部位。

②翼展：机翼的翼尖两点的距离称为翼展。

③翼型：机翼的剖面称为翼型，翼型要符合飞机的飞行速度范围并产生足够升力。

根据机翼在机身上安装的部位和形式，可以把飞机分为上单翼、中单翼、下单翼几种。安在机身上方的称为上单翼飞机，安在机身中部的称为中单翼飞机，安在机身下部的称为下单翼飞机（图2-2-2）。

图 2-2-2　下单翼飞机上的反角

④安装角：机翼装在机身上的角度，称为安装角，是机翼与水平线所成的角度。

安装角向上或向下，就是前面所说的上反角和下反角。一般下单翼的飞机都具有一定的上反角，而上单翼飞机通常有一定的下反角，以保证有适当的侧倾稳定性。

机翼的前缘和后缘加装了很多改善或控制飞机气动力性能的装置，这些装置包括副翼、襟翼、缝翼和扰流板。

①副翼：装在机翼后缘外侧或内侧，它可以上下偏转，用来操纵飞机的侧倾。

②襟翼：是为了使飞机在起飞和降落时速度较低而又要保持升力在机翼上增加的活动翼面。

襟翼装在两侧机翼后缘，副翼的内侧，它只能向下转动一定的角度。有的类型在向下弯曲后还可以向后方伸出一段距离。

襟翼向下弯曲后，改变了机翼下表面的弯曲度，使机翼下方的气流速度降低，向后伸出的襟翼同时还增加了机翼面积，这两个因素同时使升力增加，当然阻力也有所增加。

飞机起飞和降落时都要打开襟翼，起飞时飞机要增加升力，但避免增加太大的阻力，这时襟翼通常打开的角度为15°左右，而在飞机降落时，升力和阻力都要求尽量大，使飞机能在迅速降低速度的同时保持平稳地下降和着地，这时一般把襟翼打开到最大，约25°，当飞机在空中的速度提高到一定的程度就要收起襟翼，减小阻力。

③缝翼：在机翼的前缘，当它向前移动时在机翼前部出现了一道缝隙，这将使气流由翼下流到机翼的上表面，这样使上表面的气流加速，同时消除了上表面局部形成的大部分气流漩涡，使升力增加，并加大迎角，从而可以进一步提高升力，这对降落是极为有利的。

襟翼和缝翼的作用相同，统称为增升装置。

④扰流板：是铰接在翼面上表面的板，它只能向上打开，当它打开时，增加机翼的阻力，同时减小升力，使飞机能在空中迅速降低速度，在地面时压紧地面，以空气动力制动飞机。

当只有一侧的翼面上的扰流板打开时，它的作用和副翼类似，使一侧的阻力上升，使飞机侧倾。

机翼的结构：由翼梁和桁条作为纵向骨架，翼肋为横向骨架，整个骨架外面蒙上蒙皮构成了机翼，翼梁承担着机翼上主要的作用力，桁条嵌在翼肋上以支持蒙皮。翼肋则保持着机翼的翼型，并支持着蒙皮承受空气动力。机翼根部和机身的接头承受着巨大的应力，因而这一部分要特别加固。

机翼内部的空间，除了安装机翼表面上的各种附加翼面的操纵装置外，它的主要部分经密封后作为存储燃油的油箱，大型喷气客机机翼上的燃油载量占全机燃油的 20%～25%。不少飞机起落架舱安置在机翼中，有些飞机的发动机装在机翼上，而大部分客机的发动机吊装在机翼下。

（二）机身

机身是飞机的主体部分，现代民航机的绝大部分的机身是筒状的，机头装置着驾驶舱用来控制飞机，中部是客舱或货舱用来装载旅客、货物、燃油和设备，后部和尾翼相连。机身把机翼、尾翼和起落架连在一起。

驾驶舱中装置各种仪表和操纵装置对飞机进行控制，它要求有开阔的视野，因此驾驶舱都装在机身最前方。机身头部的形状取决于驾驶舱的设计和安排。驾驶舱后面是机舱，根据要求可以是客舱或货舱。客舱中乘坐旅客，要考虑的问题较多，如要考虑旅客的舒适和安全，除装有坐椅外，还要有通风保暖设备，有安全救生设备。

在 6 000m 以上的高空飞行，外界的气压太低，不能维持生命，要通过人工增加内部气压的机舱，我们称为增压舱。由于增压舱受到内外不同压力的作用，机身的截面多采用圆形或由圆弧构成的其他形状，以均匀承担这种压力差。客舱内布置走道、厨房、厕所等旅客生活需要的空间，根据旅客数量设置相应数量的舱门、窗口和其他检修、供货的进出口，客舱的下部都留出一部分作为装载旅客行李和货物的货舱。

货舱的设置要简单得多，主要考虑装货的通畅和方便，有的货舱内装有滑轨、绞盘或起重装置。也有客货型的机舱，机身的前部为客舱，后部为货舱。还有客货转换型机舱，机舱内的隔板和坐椅可快速拆装，在几个小时内把客机改装为货机，或把货机改装成客机。机身的外形是一个两头小、中间大的流线体。头部向下收缩以扩大驾驶员视野，尾部向上收缩，来防止着陆时尾部擦地，机身中部是等截面的筒状，机身的受力主要是机翼和尾翼上传来的垂直集中载荷和尾翼上传来的侧向载荷，使机身扭转。现代飞机机身的构造大多是由纵向金属的桁梁、桁条和横向的隔框组成骨架，外面覆盖金属蒙皮再和骨架铆接成一个整体，蒙皮也承担一部分力，这种结构称为半硬壳式结构。

机身的大部分由直径相同的隔框组成，这样一方面可以使制造工艺简化；另一方面在改型时，可以方便地在机身中部加入一段或减去一段，使同一型号的飞机有很多改型。一些小型飞机使用布蒙皮，它的骨架是如桥梁一样的构架，这种结构称为构架式。

（三）尾翼

飞机尾部的水平尾翼和垂直尾翼统称为尾翼，它的作用是保证飞机在3个轴的方向具有稳定性和操纵性。

水平尾翼由水平安定面和升降舵组成，水平安定面是固定的，而升降舵可以上、下转动。水平安定面的作用是保持飞机飞行纵向的稳定，升降舵的运动则可以控制飞机向上抬头或向下低头运动。现代高速客机的水平尾翼做成可以整体运动的，称为全动式尾翼，这样可提高纵向操纵的效率。水平尾翼一般安装在机身上，但有些飞机为了避免发动机的喷气或延缓激波的产生，水平尾翼安装在垂直尾翼上。

垂直尾翼由固定的垂直安定面和活动的方向舵组成，方向舵可以左、右转动，控制飞行的航向。垂直安定面的作用是当飞机受到干扰偏离航向时，它就会受到迎面气流的力，使飞机恢复到原来的航向，保证飞机的侧向和横向稳定性。垂直尾翼有单垂尾、双垂尾、多垂尾等多种形式，但是现在的旅客机和小型飞机都采用单垂尾，一个垂尾直立于机身中线上方，这种形式结构简单，质量轻。

垂直尾翼和水平尾翼的结构与机翼的结构相似，由梁和肋组成，高速飞机的垂直尾翼和水平尾翼也如同机翼一样，做成后掠式的，以推迟激波在尾翼上的产生。

在飞机的主要操纵面升降舵和方向舵上都装有的较小的铰接翼面，称为调整片，调整片是飞机二级操纵装置。它的主要作用是调整制造误差，并且控制主操纵面上的力矩，从而减小驾驶员的操纵力矩。

（四）起落架

起落架的作用是在地面上支撑飞机并保证飞机在起飞、滑跑和在地面上移动的运动功能。它除了承受飞机停放时的重力和运动时的动载荷外，还承受着陆时很大的冲击载荷，它影响着飞机起降时的性能和安全。

现代飞机的起落架一般包括起落架舱、减震装置、收放装置、制动装置几个部分。

1. 起落架的组成

（1）起落架舱

现代航线飞机为了减少空气阻力都采用可收放式起落架，起落架在飞行时收入机身或机翼的起落架舱内。通用航空中的很多小型飞机由于速度不高，为了减轻自身质量和降低成本，采用固定的不收放的起落架，不设起落架舱。

（2）起落架的减震功能

起落架的减震功能由轮胎和减震器实现，轮胎按所充气压分为高压轮胎6~10kgf/cm^2）、中压轮胎（3~6kgf/cm^2）和低压轮胎（2~3kgf/cm^2）。低压轮胎减震效果最好，对跑道要求低，可吸收震动能量的30%以上，但体积大，一般用于支线飞机和适于低标准机场飞行的飞机。现代大型飞机都使用高压轮胎。

小型飞机上使用弹簧减震器，大型飞机一般都使用油气减震器，由汽缸活塞、连杆构成。其中活塞杆连在机轮上，而外筒连在飞机骨架上，它的作用是飞机着陆时使活塞杆向上，使液体上升压缩空气，同时液体经小孔流入活塞，当活塞杆停止向上时，气体膨胀，液体回流，使活塞杆向下，这样反复运动，使冲击能量消耗在液体流动的摩擦和气体的膨胀压缩上，从而达到减震的效果。

（3）起落架的收放装置

起落架的收放装置通常都通过液压动筒实现，有些轻型飞机采用气压或电动收放。起落架上有收起和放下的锁定装置。起落架收起时触动限位开关，使驾驶舱的起落架收放指示灯工作，同时还附有音响指示。现代化飞机在着陆时还有放下起落架警告指示，以防止驾驶员的疏漏，确保安全。

起落架还有一套独立的紧急收放系统，在紧急情况时，起落架可不依靠飞机的动力（靠重力、空气动力或机内存储的气压）放下。起落架收放在起落架舱内,起落架舱有舱门,在起落架收起和放下后,舱门都应关闭,以减少空气阻力和防止异物进入舱内。

(4)飞机的地面制动装置——刹车

飞机的地面制动装置是刹车,刹车盘装在主起落架机轮的轮毂内,刹车盘由一组随机轮转动的刹车片和一组固定在轮轴上的固定刹车片组成,每一片动片,对应一片定片,两者之间有一定间隙。在制动时通过活塞使定片压在转动片上,使机轮停止转动。由于刹车只在地面起作用,方向舵只在高速时起作用,驾驶员用脚蹬控制刹车,脚蹬在高位时控制方向舵,当脚蹬踩到下部时控制刹车。

飞机的刹车与汽车刹车相似,两边的机轮刹车力应相等,刹车应迅速反应。通常刹车放松和抱紧的作用时间都在1~2s,刹车力过大,会使机轮被抱死,即机轮不转,只和地面相对滑动,这时刹车效率不会增高,且使轮胎磨损严重,因而驾驶员要用一放一刹的"点刹"来制动飞机。20世纪70年代以后的大型飞机和汽车一样使用了自动系统(防抱死机构),刹车可自动调整压力,出现抱死时就放松刹车,恢复转动后,再自动压紧,这样就不会产生抱死现象,充分发挥了刹车的效率。

前三点起落架式的飞机,前起落架上不装刹车,但装有操纵系统,由驾驶员通过踏板或手柄操纵前轮转向,以控制飞机在地面运动时的转向。

2. 起落架的配置

起落架的配置分为前三点式和后三点式。

前三点式指主要的承重起落架(主起落架)在重心之后,机头装前起落架,后三点式则是主起落架在重心之前,尾部装尾轮或后起落架。

通用航空用的小型活塞式飞机多用后三点式起落架,它的优点是构造简单,发动机安装方便,在起、降时迎角大,从而增大升力,缩短了滑跑距离;它的缺点是在飞机速度增大时,稳定性不好,特别是飞机着陆或中断起飞刹车时,由于惯性作用,飞机会向前倒立。

前三点式稳定性较好,同时发动机轴线基本与地面平行,对于喷气发动机可以避免炽热的喷气流喷向地面,因而大型高速飞机的起落架都采用前三点式布局。

3. 起落架的构成形式

起落架的构成形式有多种,主要有构架式起落架、支柱式多轮起落架和摇臂式起落架。

通用航空用的小型飞机多为不可收放的构架式起落架,机轮通过构架和机身或机翼固定连接。这种形式构造简单，但空气阻力很大。

在大中型航线飞机上，由于飞机起飞质量大，普遍采用支柱式多轮起落架。

B747 由 4 个机轮构成一个轮式小车，B777 由 6 个机轮构成一个轮式小车，车架和减震支柱连在一起，支柱分斜支柱和扭力撑杆，斜支柱承受水平方向的力，扭力撑杆抵抗轮车的扭转而由减震器主要承受垂直方向的力。减震支柱上端的收放动筒可把起落架收起或放下，轮架和支柱采用铰接，使几个轮子上下左右可以相对运动，后部的轮架也可以绕支柱转动，以保证小车有最大的接地面积和小的转弯半径。

轮子的数量取决于飞机的重量和使用机场跑道所能承受的载荷，重量越大的飞机机轮越多，对跑道要求低的飞机相应地要增加机轮的数量。

在速度较高的小型飞机上还使用摇臂式起落架，它的机轮不直接和支柱相连，而是通过一个摇臂与主支柱相连。这种构造方式减少了减震器受弯的力矩，使减震器容易保持密封，减震效果好，但它的构造复杂，摇臂受力大，不能用于大飞机，在民航机中仅用于高速的公务机或小型支线运输机上，在军用歼击机上则被广泛应用。

二、飞机的动力

航空用的活塞发动机主要是四冲程汽油内燃机，它首先用于汽车上。它的质量轻，功率大，莱特兄弟就因为选用了它作为飞机的动力，才能使他们的飞行得以成功。在飞机发明后的 40 多年中，活塞发动机加螺旋桨成为飞机唯一的动力装置。直到 20 世纪 30 年代末出现了喷气发动机，飞机的动力装置才有了第二种不同的形式。

现代高速飞机都使用了喷气发动机，只有在小型、低速飞机上，由于经济性好，易于维护，活塞发动机还在大量使用，在飞机上使用的发动机分类如图 2-2-3 所示。

图 2-2-3　航空发动机的分类

其中火箭发动机用于航天及军事用途，冲压式只用于3倍音速以上的飞行中，脉动式的燃油效率很低，目前都没有在民航飞机上应用，因此我们只介绍民航飞机应用的两大类发动机：活塞发动机和带压气机的涡轮喷气发动机。

（一）活塞发动机

1. 组成及基本原理

航空活塞发动机都是四冲程的，它的基本构件是汽缸、活塞、曲轴和连杆。

基本工作原理：汽油和空气混合在汽缸中燃烧，形成高温气体，气体膨胀做功，推动活塞在汽缸中向下运动，活塞带动连杆，连杆连在曲轴上，使曲轴转动，曲轴继续转动，使活塞又向上移动，然后开始点火，使活塞再向下运动，这样往复不断，就把汽油燃烧的热能转化为曲轴转动的机械能，这就是活塞发动机最基本的工作原理。

为实现这一过程，发动机的动作由四个过程构成一次循环，我们称每个过程为一个冲程。发动机每进行一次循环，活塞往复两次，经过四个冲程，因此这种发动机被称作四冲程发动机，也被称作往复式发动机。在调控机构的调控下，一个循环接着一个循环工作下去，发动机就连续工作了。

2. 活塞发动机的结构和系统

（1）活塞发动机多汽缸

活塞发动机要工作下去必须有一系列的系统来配合工作，单个汽缸功率不够，因为汽缸通常由于材料强度的限制不能做得太大，一个汽缸的工作也不均衡，震动很大，所以航空活塞发动机都是多汽缸的，多汽缸的工作时间错开就使得振动变得均匀，汽缸越多，功率就越大。

一般航空发动机多在5缸以上，最多28缸，功率达到4 000hp（马力）。

往复运动的活塞是通过连杆和曲轴把直线往复运动变为连续的旋转，通过旋转的惯性使活塞的运动保持下去。曲轴输出的功率带动螺旋桨转动，由此产生的拉力或推力使飞机前进，曲轴还通过齿轮带动凸轮轴，由凸轮轴控制气门，使它们准确地按照顺序，配合各个冲程启动或关闭排气和进气阀门。

（2）发动机工作的燃料系统

发动机工作要有燃料系统，它由油箱、导管和进气系统组成。

进气系统有汽化器式和直接喷射式两种。汽化器使燃油雾化，在汽缸外与空气混合再进入汽缸；直接喷射系统中燃油通过喷射装置直接进入汽缸，在汽缸内与空气混合。

（3）发动机的点火系统

混合气的点燃要有点火系统，点火系统由产生高压电的磁电机和点火分配器及火花塞组成，磁电机产生的高压电通过分配器按顺序时刻分送到各个汽缸的火花塞，火花塞及时发出电火花点燃混合气体。

（4）发动机的润滑系统

为了减少机件之间的摩擦阻力，发动机配有润滑系统，润滑系统由滑油箱、滑油泵和管道组成。

滑油通过滑油泵被强制送到各个摩擦面上去润滑这些接触面，减少摩擦阻力，然后流回滑油箱发动机。

（5）发动机的冷却系统

由于在工作中积累的热量而不断升温，因而必须有冷却系统，使工作温度保持正常。

冷却系统有两类，一种是气冷式，另一种是液冷式。

气冷式发动机的汽缸外壁上有很多散热片，汽缸迎风成星形布置，迎面气流吹过散热片带走热量，这种发动机为了提高冷却效率，迎风面积较大，阻力增大，但结构简单质量较轻。现代的航空活塞发动机以气冷式居多。

液冷式是用汽缸外流动的冷却液（一般是水）来吸收热量，然后冷却液在散热器上由迎面来的气流带走热量，这种冷却方式的优点是发动机截面可以做得比较小，阻力较小，但结构复杂，质量较重。

（6）发动机的启动系统

此外，活塞发动机从静止状态启动需要有力量推动，早期的航空发动机也像早期汽车一样用人力启动，现代的航空发动机都装有启动系统。启动系统也有两种，一种是气的，用压缩气体充入汽缸使发动机启动；另一种是电动的，使用一个启动电动机带动发动机使曲轴旋转。

以上各种系统的配合，是航空活塞发动机可以正常工作的最基本的基础。

3. 活塞发动机的性能

除了功率、质量等直接指标外，还有两个重要指标评价航空活塞发动机的性能好坏，一个是燃油消耗率，即每马力小时（或千瓦小时）消耗的燃油质量，这个指标越低，说明这个发动机的经济性越好；另一个指标则是质量功率比，质量用 kg 表示，功率使用马力，这个比值越低说明发动机质量轻而马力大。

第一架飞机上的活塞发动机的质量马力比为 6.4kg/hp，而到 20 世纪 40 年代末达到 0.5kg/hp，耗油率也从 1kg/hp·h 降到 0.2~0.25kg/hp·h，这个指标比喷气发动机低，所以在低速飞行时，活塞发动机的经济性能很好，活塞发动机在 20 世纪 50 年代初已经达到成熟期，工作可靠，大修期提高到 2 000—3 000 小时一次。因而它目前仍在小型飞机和轻型直升机上广泛应用。

（二）螺旋桨

活塞发动机不能单独驱动飞机，它必须驱动螺旋桨才能使飞机运动，因而活塞发动机和螺旋桨在一起才构成了飞机的推进系统。

流体中产生拉力的机构就是螺旋桨，螺旋桨不仅可以用于液体也用于气体中，严格意义上说，飞机上的螺旋桨应该称为空气螺旋桨。螺旋桨由几个叶片组成，每个单独的叶片从根部到顶部扭曲，它的每一个与叶片轴线垂直的截面都相当于机翼的一个翼型，当它相对于空气运动时，空气的反作用力如同机翼的情况一样，在剖面凸出的一边空气流动快，压力小；在剖面呈直线的一边空气流动慢，压力大，这个压差形成了垂直于桨叶口十面的力，但是桨叶的运动平面和飞机的纵轴垂直，因而在螺旋桨的一侧会产生和飞机纵轴平行的拉力。

桨叶的叶弦相对于迎面的气流的角度是迎角，迎角的大小影响着拉力的大小，二螺旋桨的迎角从根部到顶部逐渐变小，是为了保持叶片的各段产生大致相等的拉力。虽然桨叶的各部分以同样的角速度旋转，但桨叶的根部的线速度要比尖部的线速度慢。只有将桨叶的迎角从根部到尖部逐渐减小，才能保证叶尖不受过大的力，这是螺旋桨做成扭曲形状的主要原因。

桨叶剖面的叶弦与旋转平面的夹角称为桨叶角，又叫安装角。

螺旋桨的桨叶数从两个起可多达 6 个，桨叶数越多，功率越大，一般在通用航空使用的小型飞机上多用两口十螺旋桨，而在大中型客机上使用四叶或六叶的螺旋桨。

随着飞行速度的提高，螺旋桨桨叶的合成速度向叶弦靠拢，使迎角变小，这样拉力就会减小，这时如果能使桨叶角变大，则螺旋桨的迎角就会增大到原来的有利状态。由此就产生了能使桨叶角改变的变距螺旋桨。

螺旋桨的桨距是指螺旋桨旋转一周桨上一点向前移动的距离，这个距离和桨叶角的大小成正比，因而所谓变距螺旋桨，就是桨叶角可改变的螺旋桨。对于飞行速度在 200km/h 以下的小型飞机，由于速度变化范围不大，一般采用定距螺旋桨，桨叶角不变。这时虽然有一些拉力损失，但机构简单。而对于速度较高的大中型螺旋桨飞机，变距螺旋桨能使其效率大为提高，变距螺旋桨要加装一套变距机构，由驾驶员控制螺旋桨的桨距随飞行的状况而改变。飞行速度高时，桨叶角变大（大桨距），飞行速度低时，桨叶角变小。

当不需要螺旋桨产生拉力（着陆或发动机失效）时，为减少阻力可以把桨叶角调在 90°左右，桨叶将顺着气流运动，也叫顺桨，这时的拉力最小，也可以使桨叶角变为负值，使螺旋桨产生反方向的拉力，阻止飞机前进，这时称为逆桨（反桨），以利于飞机在着陆时缩短降落距离。

变距螺旋桨能在飞行的各种状态下，按照具体的需要对桨距进行调节，这使发动机和螺旋桨充分发挥了效率，也保证了发动机和螺旋桨能在转速不变的情况下，改变桨距来适应飞行速度改变时对力矩的需要。

1. 恒速变距螺旋桨

由于活塞发动机转速的调控范围不大，如果能使螺旋桨保持恒速，就会使发动机的效率提高，工作状态改善。有的飞机装有转速调节器，它能自动随飞行状态的改变调节桨距，使桨距保持恒定的恒速螺旋桨是最完善的变距螺旋桨，它相当于带有自动变速器的汽车，驾驶员只需控制油门，整个推进系统就可以处于最佳工作状态。

螺旋桨是在空气中旋转获得拉力的机构，因而它不仅可以和活塞发动机配合使用，也可以和输出轴功率的喷气发动机配合使用，直升机上的旋翼和尾桨也是螺旋桨的一种。

2. 螺旋桨飞机速度的限制

由于螺旋桨上任一点的速度都是飞行速度和旋转速度合成的，因而桨上各点的运动速度都要大于飞行速度，特别是叶尖的速度最高，因而飞行速度还低于音速时，叶尖速度就可能接近音速，在叶尖上产生激波，使阻力大增，因而装一般螺旋桨的飞机最高速度都在 800km/h 之下。在 200～700km/h 的范围内，螺旋桨推进的效率很高，产生推力的效率也较喷气推进的飞机大，因而在支线运输飞机上，涡轮螺旋桨飞机得到了广泛的应用。

（三）空气喷气发动机

由于螺旋桨在高速飞行时的缺点及活塞发动机在降低质量马力比上已接近了极限，因而人们为提高飞机飞行速度，在动力装置上需要来一次革新才能继续前进。1939 年在德国试飞了世界上第一架喷气飞机，飞机的动力装置打开了新篇章，也使人类从此进入了喷气机时代。

涡轮喷气发动机质量轻、推力大，适于高速飞行，但它的油耗大、经济性差，目前在民航飞机上使用的已经不多了。民用航空器上主要使用的是在它的基础上发展起来的涡轮螺旋桨发动机、涡轮风扇发动机和涡轮轴发动机。

1. 喷气发动机的原理

喷气发动机和活塞发动机一样，通过燃油在发动机内部的燃烧使燃料的化学能转变为机械能。同时喷气发动机也和螺旋桨一样，利用反作用力把气体排向后方产生推力。因而喷气发动机既转换能量又产生推力，它本身就是一个推进系统。

为了方便理解，我们将喷气动力装置和由螺旋桨及活塞发动机组成的推进系统来比较说明。

（1）推力的产生

喷气发动机产生推力和螺旋桨产生的推力虽然都是利用反作用力，但在方式上有着根本的区别。

螺旋桨产生推力是由于螺旋桨的旋转，产生了与外界空气的相对运动，空气对螺旋桨产生反作用力，使飞机前进，这种产生推力的方式如同车辆的车轮把地面向后推，和船只用桨把水向后拨，而使车辆和船只前进的情况相同，易于被人们理解和接受。

而喷气发动机产生的推力则由发动机内的气体燃烧膨胀向后排出所产生的反作用力，使整个飞机受到向前的推力。

喷气发动机的推力产生和螺旋桨推（拉）力的产生的共同点是都依靠了反作用力，它们的基本不同点是喷气发动机的推力是依靠内部气体的排出产生的反作用力，与外部介质（空气）无关，如果不从空气中取氧，装喷气发动机的飞行器可以在无空气的外层空间中飞行。而螺旋桨的推力则依靠螺旋桨向后推动外部介质（空气），由外部介质的反作用力使飞行器向前，因而外部介质状况的改变对推力产生很大的影响。

螺旋桨飞机在高空飞行时因空气密度下降效率会受到影响，在没有空气的外层空间，螺旋桨就产生不了拉力。

（2）能量的转化

喷气发动机和活塞发动机的能量都是由燃油燃烧的热能转化为机械能的。

它们的不同在于活塞发动机的燃油是在一个封闭的空间点燃的，因而压力极大，由此推动活塞上下运动，然后再由一定的机构把往复运动变成轴的旋转运动，从而输出功率。

而喷气发动机的燃油是在一个开敞的燃烧室内燃烧，气流不断喷出，燃气的喷射速度很高，但对发动机的压力不大，不需要坚固的器壁。喷出的气流直接输出功率，不需要连杆、曲轴一类的运动转化机构。由于以上两个方面的原因，喷气发动机的结构质量比同样功率的活塞发动机要轻很多，为飞机的高速飞行提供了基础，正是由于喷气发动机的出现，才使得高亚音速和超音速飞行得以实现。

喷气发动机分为两大类：一类是自带燃油和氧化剂的火箭发动机，它自给自足不依靠外界环境，因而成为航天飞行器的唯一动力形式；另一类喷气发动机从空气中取得氧气，称为空气喷气发动机，它不必自带氧化剂，从大气中获取氧气，因而只能在大气层中飞行，是喷气式航空器的动力。

空气喷气发动机应用最广的是带压气机的喷气发动机，其中最基本的形式是涡轮喷气发动机。它由进气道、压气机、燃烧室、涡轮和尾喷管几个部分组成。

2. 涡轮喷气发动机的构造

涡轮喷气发动机的基本结构如下：

（1）进气道

它的作用是使进入发动机的空气流平稳地和以稳定的流速连续进行。进气道中装有加热防冰装置，以避免潮湿空气低温下在进气道内结冰，进气道的形状是经过仔细计算和校验的，如果进气道的形状选择不当，会使进入发动机的气流不稳，严重影响发动机的工作。

（2）压气机

涡轮喷气发动机的分类：由压气机的形式不同分为轴流式和离心式两种。

压气机的作用是通过带有叶片的压气叶轮的旋转，使空气的压力增高，密度增大，以提高燃烧的效率，同时增加喷气速度，增加推力。

轴流式和离心式压气机的不同，轴流式压气机是把流过的气体沿发动机的轴向经一级一级连接的压气叶轮，压缩后，送入后面的燃烧室，气流流动的路线和发动机平行，通常都经过多级压缩。

而离心式压气机则是压气机的叶轮旋转后，依靠离心力把气体压向叶轮的外缘，然后再从外缘流向燃烧室，通过轴向的尾喷管流出。因而离心式发动机的气流是由轴向—径向—轴向流动的，它的流动方向和发动机的轴线是不平行的。离心式压气机结构紧凑，但构造复杂，气流转变多，损耗较大，目前用于较小型的发动机。大型发动机都用轴流式。

轴流式压气机的构成如下：

轴流式压气机由转子和静子组成。转子是一个能高速旋转的鼓型叶轮，叶片绕整个四周安装成多排，每一排是一级，沿轴向安装许多级，一部压气机少的为 5 级，多的可达 17 级。静子是一个机匣，内部和转子各级对应装着各级的静子叶片，每级转子叶片的位置在相应的静子叶片之前。转子叶片像一个短的螺旋桨叶片，转子旋转后使空气向后和向四周方向运动，空气流向静子后，静子的叶片把气流导向后一级转子，并使流速降低压力增加。

空气流过压气机 1 级就可以使压强增加 15%～35%，9 级压气机可以使压强增加 7.14 倍，增压的倍数称为增压比。由于空气受压缩，它的温度升高，为后面混合气体的点燃提供了条件。由于压气机前面压力小，温度低，而且流过的气体的体积大；后面压力高，温度高，因而它的形状前面空间大，叶片尺寸大，后面逐渐缩小。前后所用的材料也不同，前面级用铝合金，后面级为了耐高温使用耐热的合金钢。

压气机的整个气流必须通畅，前面进气不畅，会使后面压力降低，气流流动就会堵塞，这种现象可以使气体在压气机中往返振动，称为喘振，严重时可以导致发动机熄火，甚至使发动机机件损坏。为防止喘振，一般在压气机的中间级开有放气孔，在必要时把低压气体放出。

（3）燃烧室

空气经压气机压缩后进入燃烧室，在这里有喷油雾化器把燃油雾化喷入，并由点火器点燃。

大型飞机发动机中最常用的环形燃烧室，一般由内外四层壳体组成，在内壁和外壁中间的两层是火焰筒，火焰筒中有喷油雾化器、点火器，气流分两股流入，一股进入火炬筒内、外壁之间，气体在这里点燃；一股流在火焰筒外室和燃烧室外壁之间起冷却作用，火焰的燃烧温度在 2 000℃以上，火焰筒的温度也在 900～1 000℃，使用耐热合金制造。

除了环形燃烧室外，还有单管式和联管式燃烧室。联管式燃烧室内有多个管状火焰筒，它们由联焰管连通。发动机启动后，在联焰管中的启动喷油点火器点火，混合燃气流入各个火焰筒内燃烧，有一股气流在火焰筒外冷却。单管式燃烧室则是由多个独立管状燃烧室组成。各管有独立的火焰筒、喷油嘴、点火器，一般一个发动机有 6～16 个单管式的燃烧室排成环形一起工作。

（4）涡轮

燃气和空气由燃烧室喷出后吹向涡轮，使其高速旋转，它的作用如同一个风车，在气流作用下转动做功。涡轮转动带动压气机转动，涡轮的构造和压气机相似，也是在转动的盘上分级装上叶片，每级的转动叶片前面在静止的外壳上装有导向叶片。气流通过导向叶片时加大速度，降低压强和温度，以适当的角度冲击工作叶片，使它转动，涡轮可以从 1 级到很多级，前面级承受的温度高，速度大，后面级承受的温度低，速度也低。它的构造和压气机相反，前小后大。涡轮转速高，材料受到极大的离心力。涡轮前温度越高则发动机的热效率越高，但这个温度受到材料强度和耐热性能的限制，随着耐用材料的发展，采用新型的耐热合金材料的涡轮前温度已经提高到 1 400 ℃。

（5）尾喷管

尾喷管是圆筒状，流过涡轮后的气体从这里排出发动机，在喷口处面积缩小使排出气体的流速增加，以提高发动机推力，尾喷管中装有整流锥，使由燃烧室出来的环状气流平顺地变为柱形。在大型飞机的尾喷管内常装有反推装置，在降落时反推板打开，气流冲在反推板上，产生向后的拉力，使飞机减速，缩短滑跑距离。

3. 涡轮螺旋桨发动机

由于涡轮喷气发动机在亚音速飞行时经济性差，人们自然想到用涡轮输出轴功率来带动螺旋桨，这样就产生了涡轮螺旋桨发动机。它的基本构造与涡轮喷气发动机相同，但它的涡轮要带动前面的螺旋桨，这就提出了两个要求：一是由涡轮提供更多的轴功率，以带动螺旋桨，为此涡轮的级数要相应增加来吸取更多的能量；另一个要求是由于涡轮的转速很高（20 000rad/min 以上），而螺旋桨要求的转速很低（1 000rad/min 左右），因此需要加装一套减速机构二者才能连接，加装螺旋桨使发动机的长度增加。为了使发动机紧凑，不少涡轮螺旋桨发动机使用离心式压气机。

涡轮螺旋桨发动机产生的动力以螺旋桨的拉力为主，约占全部前进推力的 90%，喷气产生的推力只占 10%，因此它本质上是螺旋桨推进的飞机。

由于受到螺旋桨叶端速度的限制，飞机的飞行速度一般在 800km/h 以下，但和活塞发动机相比，涡轮螺旋桨发动机的构造简单，维护容易。它的耗油率和活塞发动机相近，可使用航空煤油，航空煤油比活塞飞机使用的航空汽油价格低，因而经济性比活塞发动机略优。此外，发动机马力可以做得很大，最大到 10 000~15 000hp，而活塞发动机很难做到这么大。

鉴于以上优点，涡轮螺旋桨发动机在中速的客机和支线飞机上已经取代了活塞发动机。许多小型飞机也在采用这种发动机。

4. 涡轮风扇发动机

为了使喷气式飞机能在高亚音速中实现低油耗飞行，20 世纪 60 年代出现了涡轮风扇发动机，它已经成为目前大型民航运输飞机唯一的动力装置。

涡轮风扇发动机是在涡轮喷气发动机的压气机前面又加了几级风扇而构成的，风扇由大的叶片组成，直径比压气机大，并由涡轮带动。

空气经过风扇后分成两部分，一部分在核心发动机外面流过，这个气流通道我们称为外涵道或外涵。这部分气流受到风扇的推动向后流去，产生推力。同时也把里面的核心发动机冷却。另一部分通过核心发动机，其过程与涡轮喷气发动机完全相同，这条通路我们称为内涵道或内涵。内涵流动的气流燃烧后推动涡轮，然后从尾喷管排出产生推力，不难看出内涵的推力产生和涡轮喷气发动机完全相同，而外涵的推力产生和螺旋桨相似，只不过风扇的叶片大大缩短，并且它被装入一个有限直径的涵道中，从而避免了螺旋桨叶尖在高速时产生激波的情况，使飞机速度得以提高。

涡轮风扇发动机由于空气流量大，因而推力大，最大的推力目前已经达到 372 千牛，空气流量达 1.7 吨/秒。

它的另一个巨大的优点是噪声低，由于涡轮风扇发动机有大量的外涵低速气流，当内涵的高速气流和外涵气流混合排出时，噪声便大为下降。这是涡轮风扇发动机在民航飞机上取代涡轮喷气发动机的又一重要原因。

5. 涡轮轴发动机

在直升机和其他工业应用上需要一种只输出轴功率而不需要喷气推力的涡轮发动机，于是在 20 世纪 40 年代末出现了涡轮轴发动机。

涡轮轴发动机在直升机上获得了广泛的应用。和活塞发动机相比，它的结构是质量轻，功率大，最大可以到 10 000kW，同时耗油率也在逐步下降，它燃烧的是低价的航空煤油，因而经济性能也和活塞发动机不相上下。

其缺点是制造较困难，技术复杂，减速装置比要比活塞式大，减速齿轮箱的质量较大，初成本较高。随着技术的改进，这些缺点也在克服之中。

目前在直升机动力中涡轮发动机已经占了大部分，今后它将成为直升机的主要动力形式。

第三节　飞行的基本原理

一、空气动力

飞机的升力主要是由机翼和空气的相对运动而产生的，任何物体只要和空气之间产生相对运动，空气就会对它产生作用力，这个力就是空气动力。

空气动力是空气相对于飞机运动时产生的，要学习和研究飞机的升力和阻力，首先要研究空气流动的基本规律。

空气动力体现在我们日常生活的各方面，最明显的就是空气对地面的相对运动，形成了日常所说的风，利用风力人类制造的第一种重于空气的飞行器是风筝。

2000多年前风筝就升上天空，但风力不受人控制，因而风筝也算不上实用的飞行器。15世纪以后，自然科学迅速发展，很多科学家对重于空气的物体的飞行做了研究。但直到18世纪，瑞士科学家伯努力对流体（包括气体、液体）运动深入研究并建立了伯努力定律后，才展示了流体运动的基本力学原理，奠定了飞机产生升力的理论基础。

二、飞机上作用的力

飞机上作用的力主要有两对四个力：升力—重力，推力—阻力。升力克服重力，推力克服阻力（图2-3-1）。

图2-3-1　飞机上作用的力

（一）升力

升力垂直于飞行速度方向，它将飞机支托在空中，克服飞机受到的重力影响，使其自由翱翔。

（二）阻力

阻力是与飞机运动轨迹平行，与飞行速度方向相反的力。阻力阻碍飞机的飞行，但没有阻力飞机又无法稳定飞行。本节将着重介绍几种不同的阻力。

对于低速飞机，根据阻力的形成原因，可将阻力分为摩擦阻力、压差阻力、干扰阻力、诱导阻力、激波阻力。

1. 摩擦阻力

由于飞机表面上空气有黏性，气流与飞机表面发生黏滞摩擦而引起的与飞行方向相反的力，称为摩擦阻力（图 2-3-2）。

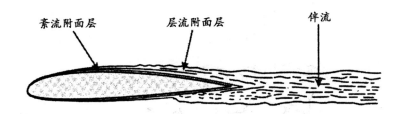

图 2-3-2　影响摩擦力的因素

摩擦阻力的大小与附面层的类型密切相关，此外还取决于空气与飞机的接触面积和飞机的表面状况。

①紊流附面层的摩擦阻力比层流附面层的大；

②与飞机的表面积成正比，飞机的表面积越大，摩擦阻力越大；

③飞机表面越粗糙，摩擦阻力越大；

④与飞行速度成正比，飞机飞行速度越快，摩擦阻力越大。

2. 压差阻力

由飞机前方受到的动压和后方形成的低压的压力差，导致气流附面层分离产生的阻力，称为压差阻力（图 2-3-3）。

图 2-3-3　压差阻力（一）

气流流过机翼后，在机翼的后缘部分产生附面层分离形成涡流区，压强降低；而在机翼前缘部分，气流受阻压强增大，这样机翼前后缘就产生了压力差，从而使机翼产生压差阻力（图 2-3-4）。

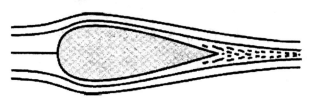

图 2-3-4　压差阻力（二）

总的来说，飞机压差阻力与迎风面积、机翼翼型形状和迎角有关。迎风面积大，压差阻力大。迎角越大，压差阻力也越大。压差阻力在飞机总阻力构成中所占比例较小。

3. 干扰阻力

飞机各部件之间，如机翼、机身、尾翼的单独阻力之和小于把它们组合成一个整体所产生的阻力，这种由于各部件气流之间的相互干扰而产生的额外阻力，称为干扰阻力（图 2-3-5）。

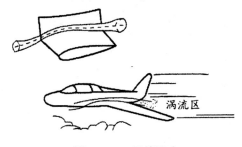

涡流区

图 2-3-5　干扰阻力

干扰阻力与飞机各部件之间的结合状况有关。飞机各部件之间的平滑过渡和整流包皮，可以有效减小干扰阻力的大小。

4. 诱导阻力

由于翼尖涡流的诱导，导致气流下洗，在平行于相对气流方向出现阻碍飞机前进的力，这就是诱导阻力（图2-3-6）。

正常飞行时，下翼面的压强比上翼面高，在上、下翼面压强差的作用下，下翼面的气流就会绕过翼尖流向上翼面。这样形成的漩涡称为翼尖涡（图2-3-7）。

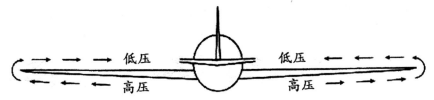

图 2-3-6　诱导阻力（一）

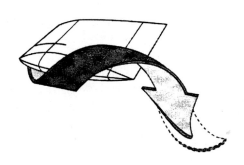

图 2-3-7　翼尖涡的立体形态

空气在翼尖形成漩涡，产生一个向下的下洗速度 ω，使原来的相对气流速度方向发生改变，由 $v \rightarrow v'$，使升力 L 偏转到 L'，L' 的水平分量 D，即为诱导阻力（图2-3-8）。

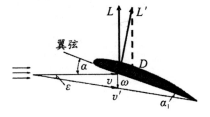

图 2-3-8　诱导阻力（二）

诱导阻力伴随着升力的产生而产生，影响诱导阻力的因素如下：

①机翼平面形状，椭圆形机翼的诱导阻力最小；

②展弦比越大，诱导阻力越小；

③升力越大，诱导阻力越大；

④加装翼梢小翼可以减小诱导阻力；

⑤平直飞行中，诱导阻力与飞行速度平方成反比。

5. 激波阻力——高速飞行的问题

对于高速飞行，除了上述四个阻力外，还产生一个激波阻力。阻力中的激波阻力只有在飞行速度接近音速时才会产生，这是因为声音在空气中传播的速度是空气分子压缩移动的速度，如果物体运动的速度低于音速，那么它前方的空气分子在物体到达之前就可以接收到音波传来的信号，使气流以波动形式推动前方空气；但当物体以接近音速的速度运行时，前方的气体得不到音波的推动，被急速压缩，在物体的前方形成了一层剧烈压缩的空气气层，这里气体密度急剧增加，阻力迅速加大，空气分子剧烈碰撞，温度也迅速上升，这种现象叫激波。

也可以这样说，当物体以接近于音速飞行时，物体前方形成一层剧烈压缩的空气层，该层空气密度增加，阻力增加，空气分子剧烈碰撞，使稳定增加，称为激波。

由于激波的产生使阻力急剧上升，升力下降，这种现象称为音障。飞机的速度接近和超过音速时，它的推力要增大到一定程度，才能克服激波带来的阻力，突破音障。

因而在飞机发明之后的 50 年，即 1953 年实现了超音速飞行，这时使用了推力大而质量轻的喷气发动机，并且对飞机的空气动力外形进行了符合超音速飞行规律的改造。

超音速飞机在超越音障时，由于激波的传播，发出雷鸣般的声音，称音爆。音爆对地面的生物有伤害作用，并且会造成建筑物的损害，因而只能在公海或沙漠上做超音速飞行。此外超音速飞行的燃料消耗大大超过亚音速飞机，它的经济性能差。

1969 年英法联合研制的超音速客机投入运行，这是航空技术上的一大成就。但由于上述经济和噪声两个方面的原因，超音速客机的机队没有任何发展，在 2003 年全部退出了航线服务，这种飞机成为技术上成功而经济上失败的一个例子。在 21 世纪的前二三十年之内，超音速民航运输机还不大可能大量使用。

在高亚音速飞行的飞机上，尽管飞机的整体速度没有达到音速，但在局部区域上可能达到或超过音速，这时会产生局部激波，如在机翼上部，气流速度比飞机其他地方的速度都高，在其他部分没有达到音速时这里首先达到音速（表2-3-1）。

表2-3-1　不同类型飞机的阻力参数

阻力名称	亚音速运输机	超音速战斗机	单旋翼直升机
摩擦阻力	45%	23%	25%
诱导阻力	40%	29%	25%
干扰阻力	7%	6%	40%
激波阻力	3%	35%	5%
其他阻力	5%	7%	5%

第四节　飞机的飞行控制

一、基本概念介绍

（一）机体轴系

飞机在空中飞行和地面运行的车辆不同，它必须考虑通过重心相互垂直的三个轴上的运动，才能完成飞行任务。飞机的三个轴如图2-4-1所示。

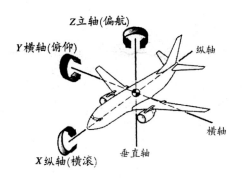

图2-4-1　飞机的三个轴

纵轴：从机头到机尾，穿过整个机身的轴，也叫横滚轴；

横轴：通过重心，垂直于纵轴，伸向两翼的轴，也叫俯仰轴；

立轴：与纵轴和横轴组成的平面垂直的轴，也叫偏航轴。

横向平面：纵轴和横轴形成的平面称为横向平面。

纵轴与垂直轴形成的平面叫纵向平面，是飞机的对称面。

（二）飞机的运动

（1）俯仰运动

飞机绕横轴的转动称为俯仰运动，简称俯仰（图2-4-2）。

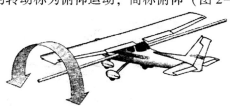

图2-4-2 俯仰

（2）偏航运动

飞机绕立轴的转动称为偏航运动，简称偏航（图2-4-3）。

图2-4-3 偏航

（3）横滚运动

飞机绕纵轴的转动称为侧倾也称为横滚运动，简称横滚（图2-4-4）。

图2-4-4 横滚

二、飞机的平衡

（一）平衡的概念

所有作用于飞机的外力和力矩之和都等于零，即飞机的各种合力为零时，此时飞机的状态称为飞机的平衡状态。

这时飞机在各个轴上都不转动，只做匀速直线运动，匀速飞行。

飞机在匀速平飞时，就处于平衡状态，这时重力和升力平衡，阻力和推力平衡。如果推力大于阻力，飞机就加速飞行，推力小于阻力，飞机就减速飞行。

如果飞机做上升和下滑飞行，并保持固定的速度和方向，这时重力就会分解为两个力，与立轴平行的分力和升力平衡，与纵轴平行的力在上升飞行时与阻力相加，它们的合力与推力平衡，在下滑飞行时和推力相加，它们的合力与阻力平衡，这种速度与方向不变的飞行我们统称为稳定飞行。

（二）飞机的加速和转弯

如果飞机上的作用力不平衡，飞机将做加速或改变方向的运动。

在垂直方向上的力不平衡，如升力大于重力，由于飞机在前进，飞机将向上做圆周运动，升力和重力之差变为向心力；在重力大于升力时，做向下的圆周运动。

如果飞机侧倾时，这时飞机的升力不再垂直于地面，它的垂直分力和重力平衡，而水平分力变为向心力，使飞机向倾斜的一侧转弯，这种转弯称为侧滑转弯。因而只要飞机侧倾时，飞机就会转弯。

飞机利用方向舵也可以转弯，这时飞机不倾斜，由方向舵偏转引起的侧向力形成力矩使飞机转弯。

三、飞机的稳定性

（一）稳定性的概念

稳定性指物体在受到扰动后，能够产生稳定力矩使物体自身恢复到平衡状态的趋势（图 2-4-5）。

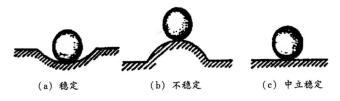

(a) 稳定　　　　　(b) 不稳定　　　　(c) 中立稳定

图 2-4-5　飞机的稳定性

在图 2-4-5（a）情况时，小球处于凹面中，如果有外力干扰，当外力消失后，它仍会回到原来状态，这个系统是稳定的或称为静稳定。在图 2-4-5（b）状态小球处于凸面，只要有一点外力小球就会离开原位，不会自动回来，这种系统是不稳定的。在图 2-4-5（c）情况下，外力干扰虽然改变了位置，但小球在各处都是稳定的，称为随遇稳定或中立稳定。

在飞机飞行时，也有上述的三种情况：飞机在平飞时，如果短时间的气流干扰使它改变了飞行状态，当干扰过后，驾驶员不加操纵飞机会自己恢复了原状，就是稳定状态；如果干扰之后飞机不能恢复，而且继续偏离原来状态，这就是不稳定；如果干扰之后，飞机在新状态下保持新的平衡，这就是随遇稳定。

飞机的稳定性是指当飞机受到外力干扰偏离原来平衡状态，偏离后飞机能自动恢复到原平衡状态的能力。飞机的稳定性包括纵向稳定性、偏航稳定性、横向稳定性。

要完成飞行任务，飞机还必须通过驾驶员的操纵改变飞行的姿态（高度、方向）达到预定的航线。飞机对操纵的反应，称作飞机的操纵性。不难看出，稳定性好的飞机，操纵性就要差一些，反过来操纵性好的飞机要丧失一些稳定性。因而根据飞机使用的目的，设计师就是在两者之间取平衡，一般说大型和民用飞机要求稳定性高一些，军用飞机则更多地考虑操纵性。

（二）飞机的纵向稳定性

飞机绕横轴（俯仰）的稳定性，称为纵向稳定性（图 2-4-6）。

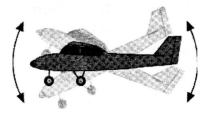

图 2-4-6　纵向稳定性

飞机的纵向稳定性主要由飞机的水平尾翼实现，具体说是由水平尾翼产生的俯仰稳定力矩实现（图 2-4-7）。

俯仰稳定力矩

平尾附加升力

扰动消失迎
角恢复原值

瞬间受扰
机头上抬

图 2-4-7　飞机的纵向稳定性

飞机的重力是通过重心的，而机翼上产生的升力的合力是作用在机身纵轴上的一点，对亚音速飞机而言，这一点在 1/4 弦线与纵轴的交点，这一点称为气动力中心，在飞机重心之后。如果没有其他力作用，飞机就会趋于低头，因而飞机的水平尾翼要产生一个向下的力来使飞机在纵向的力矩保持平衡，使飞机能水平飞行，所以水平尾翼在保持飞机的纵向稳定性上有重要作用。

如果飞机以一定的迎角水平直线飞行，一个干扰（阵风）使飞机抬头，迎角增大，干扰之后飞机的机头方向仍保持向上，这使水平尾翼的迎角也增大，从而使水平尾翼上的升力增加，抵消了原来水平尾翼上向下的力，机头在重力力矩的作用下回到原来的迎角，经过一段时间的摆动后，飞机回到原来状态，这时水平尾翼上的迎角也回到原来状态，增加的升力消失，飞机保持原来姿态飞行。

如果干扰使机头向下，则水平尾翼的迎角减小，向下的力增加，使飞机抬头重新回到原来的位置。可以看出飞机的纵向稳定性，主要取决于飞机重力和气动中心的位置与水平尾翼的面积以及它到气动中心的距离。

正常布局飞机的平尾安装角通常要比机翼安装角更小。

（三）飞机的偏航稳定性——主要由垂直尾翼实现

飞机绕立轴的稳定性称偏航稳定性，又称方向稳定性。

飞机的飞行方向和飞机纵轴的夹角称为偏航角，在稳定飞行时飞机的纵轴和飞行方向一致，偏航角为零。而当阵风干扰时，使飞机的纵轴偏离航向，这时产生了偏航角。偏航稳定性指飞机保持偏航稳定的能力，影响偏航稳定性的主要因素是垂直尾翼（图 2-4-8）。

图 2-4-8 飞机的偏航稳定性

当飞机受到干扰，机头出现了偏航角（假设向左），但当干扰消失后，相对的气流就会吹到与航向偏斜的垂尾上，这样就产生一个向右的力，这个力产生恢复力矩，使飞机恢复到原来的航向。

飞机的速度提高，航向稳定性就会减弱，因而有些高速大型飞机的垂直尾翼做得很大，有的做成双垂尾。

（四）飞机的横向稳定性

飞机绕纵轴的稳定性，叫横向稳定性，又称侧向稳定性（图 2-4-9）。

图 2-4-9 侧向稳定性

影响侧向稳定性的主要因素是飞机的上反角、后掠角和垂尾大小（图 2-4-10）。

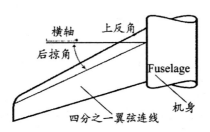

图 2-4-10 影响侧向稳定性的因素

机翼与水平线形成的角度，向上的称上反角，向下的称下反角。

先来看上反角的情况，如图 2-4-10 所示，当干扰的作用使飞机左翼抬起，右翼下沉时，这时飞机的升力就不垂直于地面，它和重力不再平衡，形成一个合力，合力指向右下方，飞机就向这个方向运动，我们称为侧滑（图 2-4-11）。

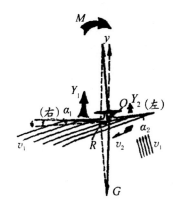

图 2-4-11 侧滑

相对的气流就会吹向机翼，由于有上反角，右翼（下沉的机翼）和这股气流形成的迎角 α_1 要大于左翼的迎角 α_2，因而右翼上的升力 Y_1 大于左翼上的升力 Y_2，从而产生一个使右翼上升，左翼向下围绕重心回转的力矩。经过短时间的摆动，飞机恢复原状。反之，下反角的飞机降低侧向稳定。

后掠角是机翼前缘与机身中心线之间所夹的锐角（图 2-4-12）。后掠角使相对气流在机翼前缘的速度分量，在左翼和右翼大小不同，从而形成恢复力矩，使飞机恢复原有航向（图 2-4-13）。

图 2-4-12 后掠角

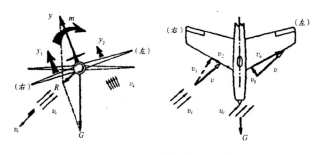

图 2-4-13 恢复力矩之后

对于有后掠角的飞机，由于飞机侧倾，有一个侧滑运动。有相对这个方向吹来的侧风，相对风速 ν_c 在向下的一边机翼（右边的机翼）上分解为沿机翼的 ν_2 和垂直机翼的 ν_1，同样在左边机翼上速度分解为沿机翼的 ν_4 和垂直机翼的 ν_3，尽管吹在两个机翼上的风速 ν_c 是相等的，但垂直流过机翼的风速则是 ν_1 大于 ν_3。我们知道沿着机翼的风速对升力不起作用，而垂直于机翼的风速决定着升力的大小。ν_1 大于 ν_3，表明这时右翼的升力大于左翼，从而产生一个力矩使飞机恢复到原来位置。

由于有侧滑的出现，垂直尾翼如同在方向稳定时一样受到侧面的风，这个风力产生的力矩作用点高于飞机的重心，因而产生恢复侧向稳定的力矩。

此外飞机在垂直平面上重心位置相对于支撑面（机翼平面）的高低也对侧向稳定起作用，正如地面车辆一样，重心高的侧向不稳定，容易翻车，上单翼飞机由于重心低，侧向稳定性高于下单翼飞机。

由于随飞机侧倾而来的横向力使飞机做圆周运动，因而侧向稳定和方向稳定是紧密地联系在一起的，两者相互影响。在设计制造飞机时，常把两者合在一起称为"横侧稳定"统一考虑。

通过上述对飞机不同稳定性的介绍，可知飞机的稳定性并非越强越好。

第一，稳定性越强，操纵飞机改变飞行状态所需要的力矩越大，因而使操纵性变差。

第二，稳定性强表明飞机受到干扰后恢复的力矩强，这就使飞机恢复原状态时摆动的强度增加，使飞机在回到正常位置时不能及时停止，要反复摆多次，这对飞机的乘员和结构都是不利的。

第三，在考虑侧向稳定时，对上单翼飞机或一些大后掠翼飞机，由于不希望有过强的侧向稳定性，而采取下反角机翼。

如果侧向稳定过强而方向稳定差，则在飞机侧倾时引起较大的方向改变，飞机会自发地周期性做侧滑、滚转和偏航运动，这种运动叫作飘摆（荷兰滚）。如果方向稳定性过强，侧向稳定性不好，飞机在方向不稳时自发地引起倾斜，飞机会自发地引起螺旋形的下降。因而飞机的横侧稳定性要很好地配合考虑。

四、飞机的操纵性

飞机在不稳定气流中飞行时，经常会受到各种扰动的作用。因此为保持飞机的飞行状态，绝不能单纯依靠飞机的稳定性，飞行员必须积极实施操纵，进行及时、必要的修正。

（一）操纵性含义

飞机操纵性，指飞机在飞行员操纵驾驶杆、脚蹬的情况下，改变其飞行姿态的特性。飞机操纵通过三个操纵面——升降舵、方向舵、副翼进行，转动这三个操纵面，在气流作用下，对飞机产生操纵力矩，改变飞机飞行姿态。

（二）操纵性分析

纵向操纵（俯仰操纵）——由飞机升降舵实现。飞机的俯仰操纵性是指飞行员操纵驾驶盘偏转升降舵后，飞机绕横轴转动而改变其迎角等飞行状态的特性（图 2-4-14）。

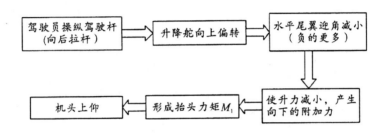

图 2-4-14　操纵流程示意图

操纵过程分析，以使飞机机头上仰为例，如图 2-4-15 所示。

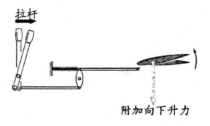

图 2-4-15　飞机机头操作

方向操纵——由飞机方向舵实现。飞机的方向操纵是指飞行员操纵方向舵以后，飞机绕立轴偏转而改变其侧滑角等飞行状态的特性（图 2-4-16）。

操纵过程分析（以操纵飞机绕立轴右转为例）：

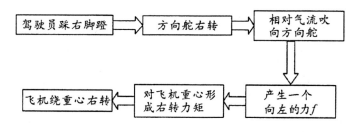

图 2-4-16　方向操纵示意图

驾驶员踩脚蹬，带动垂直尾翼上的方向舵偏转，产生向右附加气动力会打破原有方向平衡，使飞机机头偏转。

侧倾操纵——由操纵副翼实现。

飞机的横侧操纵性是指飞行员操纵副翼以后，飞机绕纵轴转动而改变其滚转角速度、坡度等飞行状态的特性。侧倾操纵是操纵飞机绕纵轴的横向滚动。两个副翼上的不同升力差会打破原有的横侧平衡，使飞机开始滚转。

操纵过程分析，以操纵飞机向左侧倾斜为例，如图 2-4-17 所示。

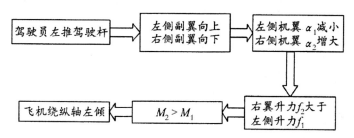

图 2-4-17　飞机侧倾操纵示意图

驾驶员操纵飞机主要是依靠驾驶杆和两个脚蹬来控制飞机在三个轴方向的运动实现的。如果要使飞机爬升，驾驶员后拉驾驶杆，方向舵抬起，飞机上仰，向上爬升，但这时重力活纵轴的分力和阻力相加，使阻力增大，必须同时增大油门加大推力才能保持飞机的空速，否则就会产生失速，丧失升力。如要使飞机下降就要前推驾驶杆，使飞机低头，但这时重力在纵轴上的分力与推力相加，使空速加大，要采取适当措施（关小油门、减小迎角等）防止速度过大。

副翼使飞机侧倾或使用脚蹬控制方向舵，都可以使飞机转弯，那么在具体操作中如何实现飞机转向呢？

单独使用方向舵，如向右转踩右脚蹬，机头便会绕重心向右偏转，由于飞机在以一定速度飞行，这时必然会受到巨大的迎面阻力使飞机减速，进而减少了升力，使飞机向右方侧下滑。这样不仅使操纵困难，也增加了额外受力。

如果单独使用驾驶杆使飞机侧倾而使飞机转弯，如使飞机右侧倾，飞机受到由升力分解的水平方向的分力的作用，向右做圆周运动。

但是飞机的纵轴指向（即机头方向）并没有改变，如不及时使用方向舵改变方向则会同样遇到阻力产生侧下滑现象。因而在使飞机做一个"平稳协调"的转弯时，必须同时使用驾驶杆和脚蹬，向右转，驾驶杆右倾，飞机右侧倾，同时踩右脚蹬使机头的方向与圆周运动的方向一致。由于在侧倾时升力的一部分分解为水平的向心力，这时必须加大油门使速度增加，保持升力的垂直分量与重力平衡，这样才能完成一次保持高度、动作平衡的转弯。

飞机的方向操纵性和横侧操纵性的关系如下：

蹬左舵→机头左偏→导致右侧滑→侧滑前翼升力大于侧滑后翼升力（即横侧稳定力矩）→机左滚。

压左盘→飞机左滚→导致左侧滑→垂尾附加侧力使机头左偏（即方向稳定力矩）。

由此可见，在操纵效果上，存在盘舵互换，但效率不高。

操纵性和稳定性是一对矛盾体。操纵性好的飞机必然以稳定性下降为代价，反之亦然。对于军用飞机往往强调操纵性，以利于战斗机动，相比之下，民航机就更着重稳定性，使飞行更加舒适平稳。所以，在设计上要综合考虑这一对矛盾体，根据使用目的，使二者达到平衡。

第三章　飞机与航空发动机的基本构造

飞机在航空中占有非常重要的地位，而制成飞机完成飞行的核心部件就是发动机。本章我们就针对飞机与发动机的基本构造展开详细分析。

第一节　飞机的基本构造

常规型飞机由五大部件组成，分别是机身、机翼、尾翼、起落架、动力装置，通过机载设备、燃油系统、电气系统、操纵系统等必要的系统构成飞机的全部，各部分之间相互协作，飞机才能正常运行。对于一些特殊的飞机会省略某些部件，如滑翔机没有动力装置，无尾布局的歼击机没有水平尾翼，一些无人驾驶飞机没有起落架，等等。

一、对飞机构造及材料的基本要求

与其他机械或工业产品相比，飞机属于更加庞大也更加复杂的机器。在设计生产的过程中，飞机各部分之间的构造，只有符合一定的要求才能完成人类工作上的需要。

(一) 飞机构造的基本要求

1. 空气动力要求

飞机结构应保证构造外形满足总体设计规定的外形准确度，不容许机翼、尾翼与机身结构有过大变形，以保证飞机具有良好的气动升力和阻力特性，以及具有良好的稳定性和操纵性。随着现代飞机结构设计向综合性和一体化发展，对飞机结构提出了新的要求。例如，F-117A 因隐形要求，其机翼下表面与机身上表面均为许多小平面构成的三棱锥面，并采用了不设任何外挂架的埋入式布局，提出了隐身—结构一体化的要求。而苏-30 MK 所采取的翼身融合技术，要求机翼、机身圆滑过渡融合为一体，并要求机身沿轴向的形状符合面积律规律，大大改善了飞机的气动性能，但增加了结构的复杂性。飞机—发动机一体化设计，对既是机体结构一部分，又是推进系统组成部分的进气道、喷管，强调其形状、结构与发动机的匹配设计，用以优化控制飞机与发动机之间与气动性能的相互影响，还有飞控—火控—结构一体化设计等发展趋势，使飞机构造在满足气动和飞机性能等要求方面增加了新的内容和难度。

2. 结构完整性及最小质量要求

关系到飞机安全使用、使用费用和功能的机体结构的强度、刚度、损伤容限及耐久性（或疲劳安全寿命）等飞机所要求的结构特性的总称就是结构完整性。

对于不要求按损伤容限、耐久性设计的飞机，可简化为强度（与刚度）及质量要求。但现代军机和客机的新机设计，规范规定都必须按损伤容限、耐久性或按损伤容限、疲劳安全寿命设计。具体而言，本要求就是指应保证飞机结构在承受各种规定的载荷和环境条件下，具有足够的强度，不产生不能容许的残余变形；有足够的刚度，或采取其他措施以避免出现不能容许的气动弹性问题与振动问题；有足够的寿命和损伤容限以及较高的可靠性。在保证上述条件得到满足的前提下，使结构的质量尽可能轻，因此，也可简称为最小质量要求。

3. 使用维修要求

飞机的各部分包括主要结构和装在飞机内的电子设备、燃油系统等各个重要设备、系统，须分别按规定的周期进行检查、维护和修理。良好的维修可以提高飞机在使用中的安全可靠性和保障性，并可以有效地降低保障、使用成本。对军用飞机，尽量缩短飞机每飞行小时的维修时间和再次出动的准备时间，还可保证飞机及时处于临战状态，提高战备完好性。为了使飞机有良好的维修性，在结构上需要布置合理的分离面与各种舱口，在结构内部安排必要的检查、维修通道，增加结构的开敞性和可达性。

4. 工艺要求

飞机的各部分结构在制作的过程中，只有工艺性良好，才能使加工、装配的过程更加顺利。这些须结合产品的产量、机种、需要的迫切性与加工条件等综合考虑。对于复合材料等新材料，还应对材料、结构的制作和结构修理的工艺性予以重视。

5. 经济性要求

经济性要求要分阶段，之前的要求主要针对的是生产和使用成本，近年来提出了全寿命周期费用（Life Cycle Cost，LCC）概念，也就是全寿命成本。全寿命周期费用主要是指飞机的概念设计、方案论证、全面研制、生产、使用与保障五个阶段，直到退役或报废期间所付出的一切费用之和。其中，生产费用与使用、保障费用约占全寿命周期费用的85%。而减少生产费用最根本的是结构设计的合理性；影响使用、保障费用的关键则是可靠性和可维护性，也与结构设计有直接关系。

（二）　对飞机材料的性能要求

众所周知，飞机最开始的结构主要是以木为主。最高时速不过几十千米。随着工艺的不断提升，各种新型的材料不断出现，密度小且具有一定强度的铝及铝合金使得飞机的时速提高到几百千米。近代超声速飞机表面的摩擦热，使飞机表面温度达到300℃以上，此时就发展出了诸如钛合金不锈钢等新材料。为提高飞机性能，航空发动机功率不断增加，随之发动机的工作温度也不断增加，如新型发动机的涡轮叶片工作温度高达1 000℃以上，此时，必须发展高温合金。

现代航空航天技术的发展，除要求性能更好的金属外，还必须发展非金属结构材料，如高分子化合物、陶瓷材料和复合材料，以减少总体结构质量，并能满足诸如重返大气层等一些特殊性能的要求。例如，最新研制的空天飞机"东方快车号"蒙皮温度高达1 649℃；最新式的超声速喷气发动机燃烧室温度竟达1 927℃，此时只能选用高温合金、钛基复合材料等新型材料。在人类的生产活动中，对材料性能提出的要求是材料的使用性能和加工工艺性能。使用性能是指材料在使用过程中能够安全可靠地工作所必须具备的性能。它包括材料的力学性能、物理性能和化学性能。力学性能是指材料受到各种不同性质和大小的载荷作用时所反映出来的性能，如金属材料的强度、刚度、硬度、韧性和塑性等；物理性能是指材料的密度、熔点、导热性能和导电性能；化学性能是指材料在室温或高温下抵抗各种介质化学侵蚀的能力，如抗氧化性和抗腐蚀性等。材料的工艺性能即材料的可加工性，如金属材料的铸造性能、锻造性能、焊接性能、热处理性能和切削加工性能等。

评价一种材料的优劣，既要看其使用性能，又要看其工艺性能。现代飞机设计过程中为了减轻结构质量，除了采用合理的结构形式之外，非常有效的方法是选用强度、刚度大而质量轻的材料。通常用相对参数表示材料的强度和刚度，即比强度和比刚度。

$$比强度 = 抗拉强度(\sigma_b) / 密度(\rho)$$

$$比刚度 = 弹性模量(E) / 密度(\rho)$$

在选用结构材料时，首先，应尽量选用比强度和比刚度大的材料。其次，根据不同的飞行和环境要求，材料应具有一定的耐高温和耐低温性能，要具有良好的抗老化和耐腐蚀性能，要具有足够的断裂韧性和良好的抗疲劳性能。另外，材料还要具有良好的加工性能，资源丰富，价格低廉。常用于航空航天领域的结构材料有如下几类：

1. 有色金属及其合金

有色金属及其合金主要指铝、镁、钛及其合金。

航空航天飞行器的主要结构材料就是铝合金，航空上主要用于制作飞机的蒙皮、隔框、长梁、桁条和锻件、铸件等。一架波音 747 客机需要消耗约 18.6 t 铝。目前国内外铝合金的研究热点是铝锂合金和高温铝合金。

镁合金可以分为两类，即铸造镁合金和变形镁合金两大类。从两大类镁合金的发展趋势来看，铸造镁合金主要是向提高自身强度和耐蚀性努力；变形镁合金在挤压成型快速凝固粉末合金和镁基复合材料的研究方面取得了进展。

钛合金具有比强度高、热强度高、抗蚀性高的优点，在航空上的应用与日俱增，但是它的切削加工性、热加工工艺性、冷压加工性、耐磨性和硬度都比较差，使其应用受到一定限制。美国曾于 20 世纪 60 年代中期研制成功"全钛飞机"SR71，用钛量达到飞机结构质量的 93%。

2. 合金钢

合金钢就是为了获得所需要的组织和性能而加有合金元素的钢。它主要包括高强度的结构钢和耐高温、耐腐蚀的不锈钢。高强度合金钢具有较高的比强度，工艺简单，性能稳定，价格低廉，适合于制造承受大载荷的接头、起落架和机翼大梁等构件。不锈钢具有良好的耐腐蚀性和耐高温性，是制造发动机的主要材料。

3. 复合材料

由两种或者两种以上物理、化学性质不同的物质，经人工复合而成的多相固体材料就是复合材料。复合材料是多相结构，如玻璃钢含有两种相，其一是玻璃纤维，主要用来承受载荷，并称为增强相，亦称增强材料；其二是环氧树脂，主要起黏结作用，并称为基体相，也称为基体材料。因此，复合材料既可说是多相材料，也可说是增强材料与基体材料经复合而成的新材料。常见的复合材料按基体类型分类，可以分为树脂基和金属基两大类（到目前为止，用量大的是树脂基复合材料）；按增强材料种类和形状分类，可以分为纤维增强、颗粒增强、层叠增强等复合材料；按性能分类，可分为结构复合材料和功能复合材料。

以纤维为增强材料，以树脂、金属或其他物质为基体构成的。常用纤维有玻璃纤维、碳纤维和硼纤维等就是纤维复合材料。

由微小粒状金属粉或陶瓷等物质和基体构成的。基体可以是金属也可以是树脂就是颗粒增强复合材料。

由两层或多层材料构成的。例如，钢表面形成一层铜，铜表面再形成一层塑料等就是层叠复合材料。

用于结构零件的复合材料，可以是树脂基体，也可以是金属基体就是结构复合材料。但目前使用的多以纤维增强的树脂基复合材料为主。

功能复合材料是指具有某种物理性能的复合材料。例如，将有关的金属细粒复合于塑料中，可使这种细粒复合塑料具有导电、导热、导磁等性能。

由于复合材料具有非常优越的性能，航空、航天飞行器的结构将越来越多地使用复合材料。随着材料学的不断创新与发展，21世纪会是复合材料大显身手的时代。

二、机翼、尾翼的构造

（一）机翼、尾翼的功用

在飞机的所有构造中，机翼的功能是提供升力，与尾翼一起形成良好的稳定性和操纵性。当它具有上反角时，可为飞机提供一定的横向稳定性。通常有横向操纵用的副翼、扰流片等附翼布置在它的后缘。为了改善机翼的空气动力效用，在机翼的前、后缘越来越多地装有各种形式的襟翼、缝翼等增升装置，以提高飞机的起飞、着陆或机动性能。

机翼上常安装有起落架、发动机等其他部件。近代歼击机和歼击轰炸机往往在机翼下布置多种外挂，如副油箱和导弹、炸弹、火箭弹等军械设备。机翼的内部空间常用来收藏起落架、放置一些小型设备和附件以及储存燃油。特别是客机，为了保证旅客安全，很多飞机不在机身内储存燃油，而把燃油全部储存在机翼内。放置燃油的油箱有整体油箱和软油箱两种，为了减轻质量，近代飞机机翼油箱很多为整体油箱。

尾翼用于保证飞机的纵向和航向的平衡与稳定性，以及实施对飞机的纵向（俯仰）和航向的操纵。一般飞机的尾翼由水平尾翼（简称平尾）和垂直尾翼（简称垂尾）两部分组成。正常式平尾包括水平安定面和升降舵。为了改善跨声速和超声速飞机在高速飞行中的纵向操纵性，在这类飞机上，大多采用全动水平尾翼。垂尾一般由垂直安定面和方向舵组成。

（二）机翼、尾翼上的载荷

1. 机翼上的载荷

（1）分布载荷

其包括空气动力和自身质量力（重力和惯性力）。如图 3-1-1 所示，q_1 为气动力沿翼展方向的分布，q_2 为重力沿翼展方向的分布。

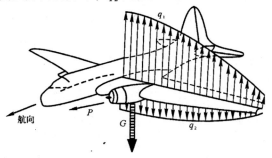

图 3-1-1 机翼上的外载荷

（2）集中载荷

它们是由其他部件通过接头传给机翼结构的，因其一般集中作用在个别的连接点上而称为集中载荷。如图 3-1-1 所示，其中有发动机传给机翼的重力 G 和拉力 P。

以上这些载荷综合起来，使机翼结构上承受弯矩 M、剪力 Q 和转矩 T 三种形式的力，如图 3-1-2 所示。

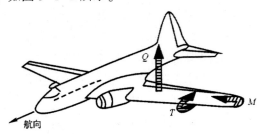

图 3-1-2 机翼上所承受的力

2. 尾翼上的载荷

（1）平衡载荷

平衡载荷是用以保证 E-151 机纵向气动力矩平衡时平尾上的载荷。此时水平安定面上的载荷往往与升降舵的载荷方向相反，所以平尾受很大转矩。

（2）机动载荷

机动载荷就是在不平静气流或机动飞行时偏转升降舵或方向舵产生的附加载荷，这是尾翼的主要受力情况。

（3）不对称载荷

对平尾来说，由于侧滑或横滚引起的载荷是不对称载荷，它们一般比机动载荷小得多，但引起的弯矩却较大，所以对结构有一定的影响。垂尾除上述横滚影响外，不对称的发动机推力也会引起垂尾上的不对称载荷（图 3-1-3）。

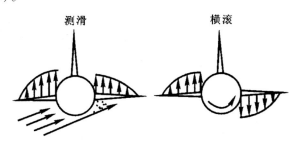

（a）水平尾翼在飞机侧滑和翻滚时的不对称载荷

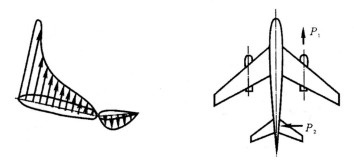

（b）平衡载荷沿水平尾翼弦向分布的特点　　（c）发动机推力不对称时的载荷

P_1——个发动机的推力；P_2——因 P_1 引起的垂尾的平衡载荷

图 3-1-3　尾翼的外载荷

(三) 机翼的主要受力构件

机翼的基本受力构件包括纵向（沿翼展方向）骨架、横向（沿气流方向垂直于翼梁方向）骨架和蒙皮。纵向骨架有翼梁、纵墙和桁条，横向骨架有普通翼肋和加强翼肋，其整体布置如图3-1-4所示。

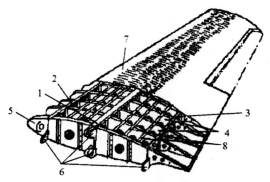

图 3-1-4　机翼的典型结构元件

1—翼梁；2—前纵墙；3—后纵墙；4—普通翼肋；
5—加强翼肋；6—对接接头；7—硬铝蒙皮；8—长桁

1. 翼梁

翼梁由梁的腹板和缘条（或称凸缘）组成（图3-1-5）。翼梁是单纯的受力件，在有的结构形式中，主要承受剪力 Q 和弯矩 M，它是机翼主要的纵向受力件，承受机翼的全部或大部分弯矩。翼梁大多在根部与机身固接。

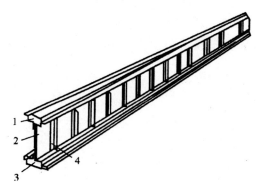

图 3-1-5　翼梁

1—L缘条；2—腹板；3—下缘条；4—加强立柱

2. 纵墙

纵墙的缘条比梁缘条弱得多，但大多强于一般长桁，纵墙与机身的连接被看作铰接。腹板或没有缘条或缘条与长桁一样强。墙和腹板一般都不能承受弯矩，但与蒙皮组成封闭盒段以承受机翼的转矩。纵墙则还有封闭机翼内部容积的作用（图 3-1-6）。

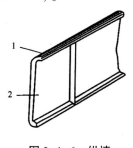

图 3-1-6　纵墙

1—腹板；2—很弱的缘条

3. 桁条

桁条是与蒙皮和翼肋相连的元件。桁条上作用有气动载荷。在现代机翼中它一般都参与机翼的总体受力——承受机翼弯矩引起的部分轴向力，是纵向骨架中的重要受力元件之一。除上述承力作用外，桁条和翼肋一起对蒙皮起一定的支撑作用。各种桁条如图 3-1-7 所示。

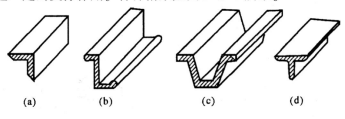

(a)　　　　(b)　　　　(c)　　　　(d)

图 3-1-7　桁条

4. 翼肋

翼肋是横向受力骨架，用来支撑蒙皮，维持机翼的剖面形状。在有集中载荷的地方（如安装发动机、起落架等），普通翼肋得到加强而成为加强翼肋。普通翼肋（图 3-1-8）构造上的功用是维持机翼剖面所需的气动外形。一般它与蒙皮、长桁相连，机翼受气动载荷时，它以自身平面内的刚度向蒙皮、长桁提供垂直方向的支撑。同时翼肋又沿周边支撑在蒙皮和梁（或墙）的腹板上，在翼肋受载时，由蒙皮、腹板向翼肋提供各自平面内的支撑剪流。加强翼肋虽也有上述作用，但其主要是用来承受并传递自身平面内的较大的集中载荷或由于结构不连续引起的附加载荷。

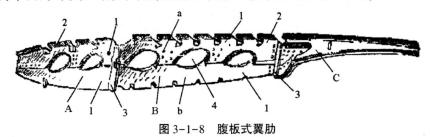

图 3-1-8　腹板式翼肋

1—腹板；2—周缘弯边；3—与翼梁腹板连接的弯边；4—减轻孔；
A—前段；B—中段；C—后段；a—上部分；b—下部分

5. 蒙皮

　　蒙皮的直接功用是形成流线型的机翼外表面。为了使机翼所受的阻力尽量小，蒙皮应力求光滑。为此应提高蒙皮的横向弯曲刚度，以减小它在飞行中的凹凸变形。从受力看，气动载荷直接作用在蒙皮上，因此蒙皮受到垂直于其表面的局部气动载荷。此外蒙皮还参与机翼的总体受力——它和翼梁或翼墙的腹板组合在一起，形成封闭的盒式薄壁梁承受机翼的转矩；当蒙皮较厚时，它常与长桁一起组成壁板，承受机翼弯矩引起的轴向力（图 3-1-9）。壁板有组合式或整体式两种。某些结构形式（如多腹板式机翼）的蒙皮很厚，可从几毫米到十几毫米，常做成整体壁板形式，此时蒙皮将成为承受弯矩最主要的，甚至是唯一的受力元件。

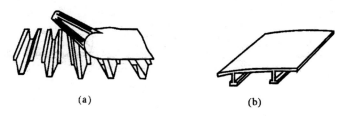

(a)　　　　　　　　　　(b)

图 3-1-9　蒙皮

(a) 金属蒙皮；(b) 整体蒙皮（整体壁板）

　　机翼的特点是薄壁结构，因此以上各元件之间的连接大多采用分散连接，如铆钉连接、螺栓连接、点焊、胶接，或它们的混合形式如胶铆等。连接缝间的作用力可视为分布剪流形式。构成机翼结构的除以上基本元件外，还有机翼—机身连接接头，它是重要受力件。接头的形式视机翼结构的受力形式而定。连接接头至少要保证机翼静定地固定于机身上，即能提供 6 个自由度的约束。实际上，一般该连接往往是静不定的。

（四）机翼结构的典型受力形式

机翼在载荷作用下，由某些元件起主要受力作用。所谓机翼结构的受力形式是指结构中这些起主要作用的元件的组成形式。各种不同的受力形式表明了机翼结构不同的总体受力特点。受力形式比相应的真实机翼结构简单得多。对于组成某受力形式的各主要受力元件（如翼肋、翼梁等），我们并不注意它们本身的具体构造，而是着重分析它们各自的受力作用。

机翼的典型受力形式有梁式、单块式、多腹板式及混合式等薄壁结构，此外还有一些厚壁结构（如整体壁板式）的机翼。下面列举几种典型受力形式机翼的构造特点。

1. 梁式

梁式机翼的主要构造特点是纵向有很强的翼梁，有单梁、双梁或多梁等多种形式；蒙皮较薄，长桁较少且弱，梁缘条的剖面与长桁相比要大得多；有时还同时布置有纵墙。梁式机翼通常不做成一个整体，而是分成左、右两个机翼，即机翼常在机身的左、右侧边处有设计分离面，并在此分离面处，借助几个梁、墙根部传递集中载荷的对接接头与机身连接（图 3-1-10）。

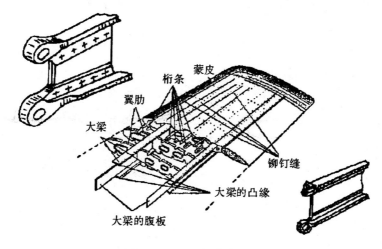

图 3-1-10　双梁式直机翼

2. 单块式

从构造上看，单块式机翼的长桁较多且较强；蒙皮较厚；长桁、蒙皮组成可受轴向力的壁板。当有梁时，一般梁缘条的剖面面积与长桁的剖面面积接近或略大，有时就只布置纵墙。为了充分发挥单块式机翼的受力特点，左、右机翼一般连成整体贯穿机身。但有时为了使用、维护方便，在展向布置有设计分离面。分离面处采用沿翼箱周缘分散连接的形式将机翼连为一体（图 3-1-11 和图 3-1-12）。

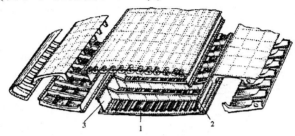

图 3-1-11　单块式机翼

1—长桁；2—翼肋；3—墙或梁的腹板

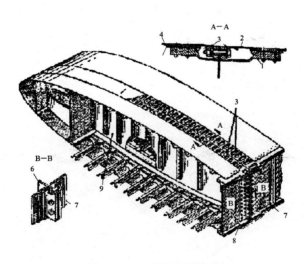

图 3-1-12　周缘连接接头

1—对接接头；2—可拆盖板；3—孔；4—蒙皮；5—垫片；
6—翼肋腹板；7—翼梁腹板；8—翼梁的对接角材；9—加强翼肋

3. 多腹板式（多梁式）

这类机翼布置了较多的纵墙（一般多于 5 个）；蒙皮厚（可从几毫米到十几毫米）；无长桁；翼肋很少，但结合受集中力的需要，至少每侧机翼上要布置 3~5 个加强翼肋。当左、右机翼连成整体时，同机身的连接与单块式类似。但有的与梁式类似，分成左右机翼，在机身侧边与之相连。此时往往由多腹板式过渡到多梁式，用少于腹板数的几个梁的根部集中对接接头在根部与机身相连。

机翼有各种不同的平面形状，大致可分为直机翼、后掠翼、三角机翼和小展弦比直机翼 4 种，分别用于不同速度、不同类型的飞机上。例如，直机翼主要用于低速飞机上，后掠翼主要用于高亚声速和超声速飞机上。国外还有变后掠翼的飞机，其机翼后掠角可在 20°~70° 变化，以适应飞机低空低速、高空高速、低空高速的性能变化需要。三角翼和小展弦比直机翼用于超声速飞机上。不同类型平面形状的机翼，往往采用不同形式的机翼结构。即使是同一种类型的平面形状，其结构形式也由于各飞机的具体设计要求不同而各异。

从实际机翼情况看，如今单纯的梁式机翼已很少采用，一般只用在低速或小型飞机上。速度较高的飞机很多采用带两三根梁的单块式翼盒结构或多梁厚蒙皮式结构。各种受力形式虽然总体受力特点不同，但机翼结构中各元件的受力作用和传力过程又有很多共用点。

（五）机翼上的其他装置

1. 机翼上的增升装置——襟翼

襟翼是安装在机翼后缘附近的翼面，是后缘的一部分。襟翼可以绕轴向后下方偏转，从而增大机翼的弯度，提高机翼的升力。襟翼的类型有很多，如简单襟翼、开缝襟翼、多缝襟翼、吹气襟翼等。目前也有个别飞机，如"鹞"式垂直起降飞机和 F-4、米格-21 轻型战斗机使用了喷气襟翼，它们的设计思想是通过从发动机或高压气瓶引出气体，吹向机翼或襟翼表面，达到增加升力、推迟分离、降低阻力、改善失速等特性的目的。

2. 副翼

副翼是指安装在机翼翼梢后缘外侧的一小块可动的翼面，为飞机的主操纵舵面，飞行员操纵左右副翼差动偏转所产生的滚转力矩可以使飞机做横滚机动飞行。副翼翼展长而翼弦短，其翼展一般约占整个机翼翼展的

1/6~1/5，翼弦约占整个机翼弦长的 1/5~1/4。

飞行员向左压驾驶盘，左边副翼上偏，右边副翼下偏，飞机向左滚转；反之，向右压驾驶盘，右边副翼上偏，左边副翼下偏，飞机向右滚转。

3. 翼尖和端翼

翼尖是指翼梢部的流线型构件，起整流作用，一般用铝合金制成，也有用非金属材料（如玻璃钢）制造的，其内部常安装航灯等设备。

端翼又称"翼梢小翼"，装在机翼翼梢处的小翼面，有呈梯形和 S 形前缘的，横截面呈翼型形，也起到整流作用。

4. 补偿装置

补偿装置又称"气动补偿装置"，是为了减轻操纵力而采用的减少舵面铰链力矩的装置。其原理是使舵面的一部分面积（补偿面）产生与其他部分相反的气动力矩，从而减小舵面铰链力矩，以便操纵飞机时省力。

5. 调整片和修正片

铰链在主操纵面后部，用以平衡主操纵面铰链力矩的活动"小翼面"，称为调整片。根据用途不同可分为补偿调整片、配平调整片和操纵片等。

修正片又称"固定调整片"，是一种供地面调整用的配平装置，是固定在操纵面后缘的板件。根据试飞结果，在地面将修正片调到适当的偏角，以消除飞机制造误差引起的气动力、平衡，调整后在飞行中即不再改变。

6. 扰流板和折流板

扰流板是安装在机翼上表面或下表面，能阻扰气流，减小或增大升力的板状操纵面，是飞机的横向辅助操纵装置。

折流板又称"导流板"，位于机翼下面襟翼前方，其作用是提高襟翼效率。

三、机身的构造

（一）机身的功用

机身是飞机的一个重要部件，它的主要功用如下：

①安置空勤人员、旅客，装载燃油、武器、设备和货物，等等。

②把机翼、尾翼、起落架（歼击机一般还有发动机）连接在一起，组成一架完整的飞机。这些部件通过固定在机身上的接头，把作用在各部件上的载荷都传到机身上，和机身上的其他载荷一起达到受力平衡。因此，机身是整架飞机的受力基础。

（二）机身的内部布置

机身的内部布置了各种装载。图3-1-13为某强击机的内部布置及主要受力构件安排情况。内部布置时应将各种装载、燃油等合理地布置在机身内，同时协调机身与机翼、尾翼、起落架等部件的受力结构。有效载重的布置应使它们所处的位置满足其本身的技术条件要求。例如，前方搜索雷达天线要求安排在机身最前端；燃油及炸弹应尽可能置于飞机重心附近，以期达到不因燃油的消耗与炸弹的投放而使飞机重心变化超出规定的范围等。除位置要求外，还必须满足各种装载的使用、检测、维护、更换等要求，如空勤人员和旅客进出、货物装卸、炸弹投放等都需要在机身上开很大的舱门；设备、附件等要经常检测、维护，有些是每一个起落都要检查，这就需要创造条件接近它们。在大型飞机上，绝大部分可从机舱内部接近；但在歼击机上，却必须在机身壳体上开很多大小不一的检查窗口。对于按损伤容限要求设计的结构，要考虑可检测性。

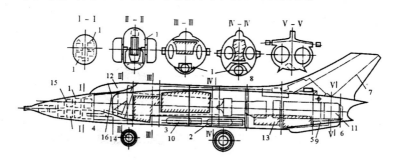

图3-1-13　某强击机机身内部布置与主要受力构件布置

1—前机身桁梁；2—与机翼主梁对接的24号加强框；3—与机翼前梁对接的17号加强框；4—其他加强框（8，12，13，16，20，25，29，30）；5—与全动平尾转轴连接的41号加强框；6—水平尾与垂尾安定面相连接的44号加强框；7—垂尾安定面后梁轴线；8—机身设计分离面；9—减速伞舱；10—炸弹舱；11—发动机；12—驾驶员座舱；13—油箱舱（前后共4个）；14—前起落架舱；15—设备舱；16—座舱地板

（三）机身上的载荷

（1）空气动力载荷

由于机身基本上为对称流线体，故机身上除局部区域外，气动载荷都较小，只有在头部和一些曲度较大的突出部位（如座舱盖）等处局部气动载荷较大，因此，空气动力作为这些部位的主要设计载荷之一。但机身分布气动力对机身的总体载荷基本没有影响（图 3-1-14）。

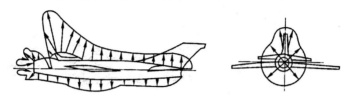

图 3-1-14　机身表面压力分布（对称情况）

（2）重力

机身内的载重与机身结构本身都会产生重力，其中尤以各种装载的重力影响较大。沿轴线各点上的过载大小与方向不一定相同，故也会影响重力的大小与方向。它们有的为集中力形式（如装载通过集中接头连到机身结构上）；有的为分布力形式（如客舱、货舱内载重的重力）。

（3）其他部件传来的力

这里主要指在飞行或起飞着陆滑跑中由机翼、平尾、垂尾或起落架上传来的力。若发动机安装在机身上，则还有发动机推力和陀螺效应产生的集中力。

（4）增压载荷

增压载荷在机身增压舱部分自身平衡而不影响机身的总体载荷。由于机身的特殊性，上述（2）（3）项对机身结构是主要的外载荷。

（四）机身结构的组成元件及其功用

现代飞机的机身结构是由纵向元件（沿机身纵轴方向）长桁、桁梁和垂直于机身纵轴的横向元件隔框以及蒙皮组合而成的。机身结构各元件的功用相应地与机翼结构中的长桁、翼肋、蒙皮的功用基本相同。

1. 隔框

隔框分为普通框与加强框两大类。

普通框用来维持机身的截面形状，一般沿机身周边空气压力为对称分布（图3-1-15（a）），此时空气动力在框上自身平衡，不再传到机身的其他结构上去。普通框都设计成环形框（图3-1-16），当机身为圆截面时，普通框的内力为环向拉应力；当机身截面有局部接近平直段时，则普通框内就会产生弯曲内力。此外，普通框还受到因机身弯曲变形引起的分布压力 p_1（图3-1-15（b）和图3-1-15（c）），p_1 是自身平衡的。普通框还对蒙皮和长桁起支持作用。隔框间距影响长桁的总体稳定性。

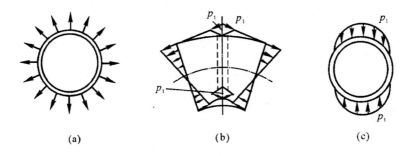

(a) (b) (c)

图 3-1-15　普通框的载荷

（a）空气压力载荷；（b）机身弯曲变形引起的压力 p_1；（c）压力 p_1 的分布

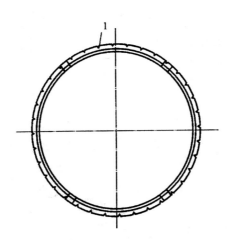

图 3-1-16　普通隔框

1—长桁通过口

加强框除上述作用外，其主要功用是将装载的重力和其他部件上的载荷及经接头传到机身结构上的集中力加以扩散，然后以剪流的形式传给蒙皮。

2. 长桁与桁梁

长桁作为机身结构的纵向构件在桁条式机身中主要用以承受机身弯曲时产生的轴向力。另外，长桁对蒙皮有支撑作用，它提高了蒙皮的受压、受剪失稳临界应力；而且它承受部分作用在蒙皮上的气动力并传给隔框与机翼的长桁相似。桁梁的作用与长桁相似，只是截面面积比长桁大。

3. 蒙皮

机身蒙皮在构造上的功用是构成机身的气动外形，并保持表面光滑，所以它承受的载荷为局部空气动力。而且蒙皮在机身总体受载中起很重要的作用，它承受 XOY，XOZ 两个平面内的剪力 Q_y、Q_z 和转矩 M_t（绕 X 轴）；同时和长桁等一起组成壁板承受两个平面内弯矩引起的轴向力，只是随构造形式的不同，机身承弯时它的作用大小不同。

（五）机身结构典型受力形式

1. 半硬壳结构

（1）桁梁式

它的结构特点是有多根（如 4 根）桁梁，桁梁的截面面积较大。在这类机身结构上长桁的数量较少而且较弱，甚至长桁可以不连续；蒙皮较薄。这种结构的机身，弯曲引起的轴向力主要由桁梁承受，蒙皮和长桁只承受很小部分的轴向力。剪力则全部由蒙皮承受。从它的受力特点可以看出，在桁梁之间布置大开口，不会显著降低机身的抗弯强度和刚度。虽然因大开口会减小结构的抗剪强度与刚度而必须补强，但相对桁条式和硬壳式来说，同样的开口，桁梁式补强引起的重力增加较少。

（2）桁条式

这种形式机身的特点是长桁较密、较强，蒙皮较厚。此时，弯曲引起的轴向力将由许多桁条与较厚的蒙皮组成的壁板来承受；剪力仍全部由蒙皮承受。从其受力特点可以看出，蒙皮上不宜大开口。但与桁梁式相比，它的弯、扭刚度（尤其是扭转刚度）比桁梁式大。由于蒙皮较厚，在空气动力作用下，蒙皮的局部变形也小，有利于改善性能。

桁梁式和桁条式统称为半硬壳式。现代飞机绝大部分采用半硬壳式结构，而且由于桁条式的优点，只要没有很大的开口，机身多数采用桁条式结构。

2. 硬壳式结构

硬壳式机身结构是由蒙皮与少数隔框组成的，其特点是没有纵向构件蒙皮厚。由厚蒙皮承受由机身总体弯、剪、扭载荷形成的全部轴力和剪力。隔框用于维持机身截面形状、支撑蒙皮和承受扩散框平面内的集中力。因为蒙皮厚、局部刚度大，所以隔框数量少。这种形式由于材料都布置在结构最大高度上，在其他条件相同的情况下，有较大的弯曲、扭转刚度。但实际上这种形式在机身上用得很少，其根本原因是机身的相对载荷较小，而且机身不可避免地要有大开口，因而蒙皮材料的利用率不高，开口补强增重较大。所以只在直径较小的机身上和机身结构中某些气动载荷较大，要求蒙皮局部刚度较大的部位如头部、机头罩、尾锥等处采用（图3-1-17）。

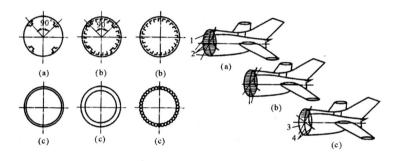

图 3-1-17　机身结构典型受力形式

（a）桁梁式；（b）桁条式；（c）硬壳式
1—长桁；2—桁梁；3—蒙皮；4—隔框

四、飞机上的起落装置

飞机起落装置是供飞机在地面或水面上起飞、降落、滑跑和停放时使用的一种机构，它主要由受力结构、减震器、机轮、刹车和收放机构组成。另外，也可以用起飞助推火箭、着陆阻力伞等装置来改善飞机的起降性能。

这里主要介绍起落架的安装形式、构造形式、收放形式、减震机构及一些起飞降落的新方法。

（一）起落架的安装形式

起落架是陆地飞机广泛使用的一种起落装置。除了应当满足质量轻、工艺性能好等要求外，对它的特殊要求是，起落架必须保证飞机能在地面上自由滑行，要能平稳地吸收飞机着陆时的碰撞能量，同时要求在飞行中的阻力最小。

飞机最少要有三点支撑才能不倒。目前，小型飞机使用的起落架机轮安装形式如图3-1-18所示，有以下3种形式。

（1）后三点式

两组主轮在前面，一组小轮在后面，活塞式飞机用此形式的较多，特别是单发活塞式发动机飞机。

（2）前三点式

两组主轮在后面，一组小轮在前面，这是目前喷气式飞机用得最多的一种形式，大型螺旋桨飞机亦多采用。与后三点式相比，这种布置的优点是可以缩短起降距离，刹车效率高，不会使飞机"拿大顶"；另外，地面操纵性和滑行稳定性及驾驶员视界都好。其缺点是前轮较重并存在摆振问题，收藏较难。

（3）自行车式

两组主轮安装在机身前后位置，机翼上装有两组辅助支持轮。这种形式主要用在高速和重型飞机上，这是因为这种飞机机翼很薄，机轮不易收藏在机翼内。其缺点是低速时飞机容易向两侧倾倒。

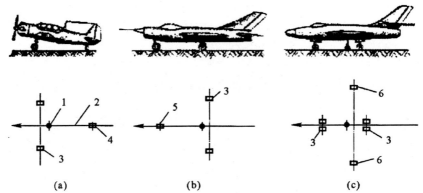

图 3-1-18 起落架机轮在飞机上的基本安排形式

（a）后三点式；（b）前三点式；（c）自行车式
1—飞机重心；2—飞机纵轴；3—主轮；4—尾轮；5—前轮；6—辅助轮

（二）起落架的构造形式

现代飞机的起落架多是可收放的，因为在飞行中起落架完全无用，暴露在气流中会产生很大的阻力。高速飞行时起落架的阻力可达到飞机总阻力的一半，这是不允许的。因此，从 20 世纪 30 年代起，收放式起落架就逐步得到推广，现已成为现代飞机起落架的主要形式。虽然收放式起落架构造复杂、质量大、成本高，但在提高飞行速度和经济性方面所获得的好处，仍然大于其缺点。起落架的构造形式有以下几种：

（1）张臂支柱式

图 3-1-19 为张臂支柱式起落架，多用在小型飞机上。它的主要组成部分如图 3-1-19 所示，减震支柱将减震器和起落架支柱制成一体。而减震器的用途是吸收飞机着陆时的撞击能量，使其不能传到机翼或机身上去。这种减震器由一副套筒构成，筒内装有压缩空气和油液，当受到冲击时空气可以缓冲，而油液可以吸收冲击能量。扭力臂是减震支柱式起落架不可缺少的构件，其功用是不让机轮和支柱内筒一起相对于支柱外筒转动。机轮与汽车轮胎相似，只是飞机上用的更高级些，内部充的气压可高达 2MPa。机轮上装有灵活的具有防抱死功能的刹车装置，以便缩短着陆滑跑距离，增加飞机在地面上的机动性。

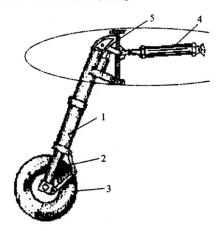

图 3-1-19　张臂支柱式起落架

1—减震支柱；2—扭力臂；3—机轮；4—收放作动筒；5—翼梁

（2）撑杆支柱式

和张臂支柱式不同的是多了一个或几个撑杆，如图 3-1-20 所示。这种形式多用在中等飞机上。这时的支柱相当于一根双支点外伸梁。在收放式起落架上，撑杆还可以作为起落架的收放连杆，有时撑杆本身就是收放作动筒。

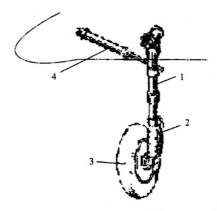

图 3-1-20 撑杆支柱式起落架

1—减震支柱；2—扭力臂；3—机轮；4—斜撑杆（兼作收放作动筒）

以上两种支柱式起落架虽有体积小、易收放的优点，但也有缺点，主要是当它受到来自正面的水平撞击时，减震支柱不能很好地起到减震作用。另外，在飞机着陆滑行时，起落架上的载荷通常不通过支柱轴线，这时支柱须承受弯矩，使活塞和外筒接触处产生很大的力。因此，不仅减震支柱的密封装置易受磨损，而且减震作用也受到很大的影响。

（3）摇臂式

如图 3-1-21 所示，这种形式的起落架支柱和减震器是单独的两个整体，起落架的着陆冲击经过摇臂绕 A 点转动传给了减震器。其优点是由于

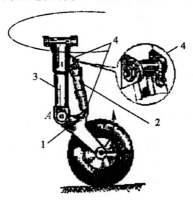

图 3-1-21 摇臂式起落架受正面撞击时减震器的作用

1—摇臂；2—减震器；3—支柱；4—万向接头

其减震器不承受弯矩，只承受轴向力，所以密封性能较好，不易漏油而且摩擦也较小；另外，此形式吸收正面冲击的性能较好，这一点对滑跑速度较高的高速飞机特别有利。其缺点是构造复杂，质量增加，不适用于大飞机，现在多用于喷气式歼击机上。

（4）小车式

飞机质量的不断增加和速度的不断提高，使这种起落架在质量和收藏方面都变得更为有利，故广泛用于重型高速飞机上，如图 3-1-22 所示。这种起落架降低了机轮对跑道的压力，另外还可减小在机体内的收藏空间。轮架与支柱的连接必须采用铰接而不能采用固接，而且轮架后部也应能绕支柱转动。

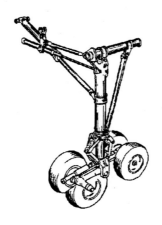

图 3-1-22　小车式起落架

（三）起落架的收放形式

1. 起落架的收放方向和收藏位置

起落架的收放方向和收藏位置是随着飞机型别不同而不同的，大致可以分为沿翼弦方向收放和沿翼展方向收放两类。

（1）沿翼弦方向收放

这种方式多用在大型多发动机飞机上，因为这时可将起落架收藏在发动机舱内或专用轮舱内。这种类型的优点是不增加飞机正面的迎风面积，从而对减小飞机阻力有利。

（2）沿翼展方向收放

因为翼根部分空间较大，一般都向内收。

2. 起落架收放所用的动力方式

起落架收放所用的动力有机械式、液压式和气压式三种。

（1）机械式

靠人力通过摇摆臂等机械机构来直接驱动。这种方式已很少采用，因为消耗人力太大且动作太慢。

（2）液压式

用高压油通入液压收放作动筒内，推动起落架支柱绕转轴旋转达到收放的目的，这种方式用得很广泛。

（3）气压式

和液压式相似，只是用压缩空气代替高压油。这种方式在小飞机上用得较多，也常用作起落架的应急收放系统。

（四）起落架的减震机构

现代飞机上应用的减震机构是油气式减震器和全油液式减震器（液体减震器）。

1. 油气式减震器

油气式减震器主要依靠压缩空气受压时的变形来吸收撞击动能，并利用油液高速流过小孔产生的摩擦发热来消耗动能，因此吸收能量大而反跳小。其工作原理如图 3-1-23 所示。

油气式减震器主要由外筒、活塞、活塞杆、制动活门、密封装置等部件组成。当飞机着陆与地面发生撞击时，飞机继续下沉而压缩减震器使活塞杆上移，这叫作"正行程"或"压缩行程"，如图 3-1-23（a）所示。活塞上面，外筒中的油液被迫冲开制动活门向下以高速流过几个小孔，油液与小孔发生剧烈摩擦所产生的热量经过活塞杆和外筒而消散。同时，外筒中的油液被压缩而升高，使得冷气的体积缩小，气压增大，吸收了撞击动能。

当冷气被压缩到最小体积，活塞上升到顶点时，飞机便停止下沉而向上运动。冷气作为弹性体开始膨胀，活塞杆向下滑动，这叫作"反行程"，或"伸展行程"。这时活塞中的油液将制动活门关闭，油液以更高的速度通过小孔向上流动，油液与小孔发生更剧烈的摩擦，消散了更多的动能。这样一正一反两个行程，完成了一个循环。经过若干个循环就可将全部撞击动能逐步转化为热能而消散，使飞机平稳下来。

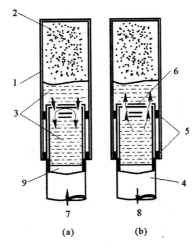

图 3-1-23　油气式减震器工作原理简图

（a）正行程（减震器压缩）；（b）反行程（减震器伸展）

1—外筒（上接飞机骨架）；2—冷气；3—油液；4—活塞杆（下接机轮）；

5—密封装置；6—制动活门；7—箭头表示活塞杆向上（正行程）；

8—箭头表示活塞杆向下（反行程）

2. 液体减震器

与其他减震器相比，液体减震器减震具有效率高、尺寸小、质量轻等特点，如图 3-1-24 所示。液体式减震器的工作原理是利用某些液体在高压下产生微小的压缩变形来吸收撞击能量，同时利用液体高速流过小孔产生剧烈摩擦发热来消耗能量。它的工作原理与油气式减震器相似。

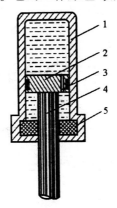

图 3-1-24　液体减震器工作原理简图

1—外筒；2—活塞；3—通油小孔；4—活塞杆；5—密封装置

（五）起飞降落的一些新方法

由于飞行速度不断提高，起飞和降落成为一个极其重要的问题；又因为飞行速度的增加使起飞和降落滑跑距离显著增长，这样将使机场的修建费用很昂贵，并且复杂。这种情况不仅在经济上带来损失，更严重的是使空军部队作战机动性受到很大的影响；此外，还使飞机起落时发生危险的可能性增加。由于这些情况，飞机设计师们在飞机的起飞和降落方面，展开了大规模的科学研究和实验工作，目的是想办法降低飞机对机场的要求和依赖。

（1）缩短飞机起飞滑跑距离的装置

在飞机上装有火箭起飞加速器，可以缩短飞机起飞滑跑距离的40%～60%。图3-1-25所示为一架装有起飞加速器的轰炸机。起飞弹射装置、起飞加速车和斜台发射装置都是常用的改善起飞性能的装置。

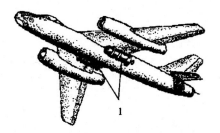

图3-1-25　装有起飞加速器的轰炸机

1—起飞加速器

（2）缩短飞机着陆滑跑距离的装置

这种装置的作用是不断减小飞机的着陆速度，以缩短着陆滑跑距离。常用的装置有减速伞、阻力板、拦网减速装置和钢索减速装置，如图3-1-26～图3-1-31所示。

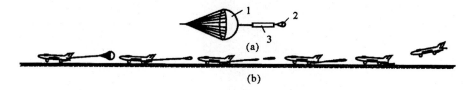

图3-1-26　着陆时减速伞的工作情况

（a）主伞打开；（b）着陆滑跑过程 1—主伞；
2—引导伞；3—伞袋

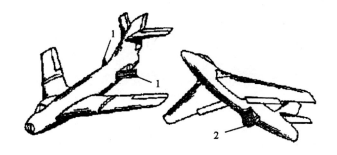

图 3-1-27　机身上的阻力板

1—机身两侧的阻力板；2—机身下部的阻力板

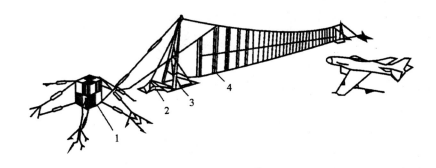

图 3-1-28　拦网减速装置

1—重物；2—液压作动筒；3—金属支架；4—拦网

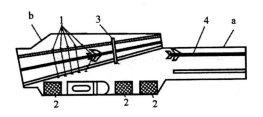

图 3-1-29　航空母舰的起飞和着陆甲板

a 起飞矩形甲板；b 着陆斜甲板

1—着陆钢索；2—升降机；3—应急拦网；4—弹射装置

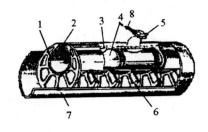

图 3-1-30　蒸汽式弹射装置

1—作动筒；2—窄槽；3—钢索；4—活塞；5—牵引钩；
6—加强隔板；7—外筒；8—圆环和钢索

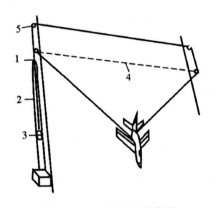

图 3-1-31　钢索减速装置

1—钢索；2—液压作动筒；3—活塞；4—钢索的原始位置；5—滑轮

五、飞机上的几个系统

(一) 飞行操纵系统

飞行操纵系统按操纵信号的来源不同可分为人工飞行操纵系统（其操纵信号由驾驶员发出）和自动飞行操纵系统（其操纵信号由飞机操纵系统本身产生）。在人工飞行操纵系统中又分为主操纵系统和辅助操纵系统。自动飞行操纵系统由自动驾驶仪、自动增稳器等部件组成。飞行操纵系统的分类如图 3-1-32 所示。

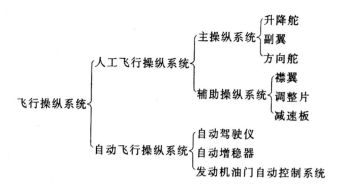

图 3-1-32 飞行操纵系统的分类

（二）液压、冷气系统

操纵飞机上的某些部件（如收放起落架）用力比较大，控制过程也很复杂，这就需要用液压、冷气来实现操纵。

液压系统的工作介质是油液。

液压系统包括供压部分和传动部分。供压部分主要附件有油箱、液压泵、安全活门和管道等。油箱用来储存液压油，液压泵由发动机带动，它把液压油输送到各传动部分。传动部分不工作时，液压泵还不断地输送液压油，因此在管路上装有安全活门，使管路压力一般保持在 8~15 MPa，以免压力过大，引起故障。

传送部分主要附件有开关、液压传动筒和管路等。平时开关处于中立位置，堵住来油管路。工作时把开关放到一定工作位置，来油管路便可以与液压作动筒一端接通，油液经开关进入作动筒，推动活塞杆运动，便可带动飞机某一部件工作。

液压系统可用来操纵收放起落架及其舱门、襟翼、减速板、发动机尾喷口、全动水平尾翼和副翼助力器等。

液压系统的优点是收放动作较柔和、密封较容易；缺点是质量大，受温度影响大，等等。为避免液压系统的缺点，可采用压缩空气作为动力的"冷气收放式"。其优点是系统质量轻，受温度影响小，操纵动作迅速；缺点是密封较难。

冷气系统与液压系统相似。供压部分主要部件有冷气瓶、冷气泵、卸荷装置和管路等。传动部分主要部件有开关、冷气作动筒和管路等。

冷气系统在应急收放和机炮充弹时应用较多，其余根据需要选用。

（三）着陆系统

飞机着陆过程是整个飞行过程的关键部分之一，在飞机的着陆过程中尤其是在不佳天气（雨、雾或低云）的时候，最容易发生飞行事故。为改善飞机着陆情况，飞机起先采用了仪表着陆系统（Instrument Landing System，ILS），飞行员通过机场导航台的指挥，利用仪表着陆。之后，又出现了自动着陆系统。

1. 飞机的仪表着陆

这种着陆设备利用机场上的无线电台和飞机上的着陆指示器配合工作来指导驾驶员进行必要的操作，使飞机安全着陆。

在飞机进行仪表着陆时，驾驶员通过无线电设备同机场指挥塔台进行联系。在接到着陆命令后，就利用无线电罗盘把飞机引入航向等信号区，这是仪表着陆的第一阶段。第二阶段又可分为下滑、拉平、平飞减速和着陆滑跑阶段，同普通着陆情况相似。

仪表着陆系统工作于长波波段，受场地影响较大，所提供的下滑角又不能改变，因此，近代飞机开始采用微波着陆系统。它工作于 C 波段（500～5 250MHz）和 Ku 波段（15 400～15 700MHz），通过测量方位角、仰角和斜距确定飞机坐标并引导飞机着陆。

2. 飞机的自动着陆

用仪表着陆虽然可以在气象不好或夜间着陆时进行，但是仍然有很多困难，一是在着陆过程中，驾驶员要全神贯注地看着多个仪表，又要观察驾驶舱外的情况，以防发生意外，同时还要手脚并用操纵三个操纵面和油门杆，因此非常紧张，偶尔不当心就会造成事故；二是地面建筑物和车辆等对无线电波的反射，可能使无线电波等信号区发生变化，越靠近地面，变化越大。采用自动着陆就可以解决这些问题。它在机场上的无线电设备仍然是采用仪表着陆系统中的航向台和下滑台。在飞机上增添的设备是一个可以精确地测量很小高度的灵敏无线电高度表，从几米到几十米都可以测量出来。另外，再增加几只控制盒，使信号经过控制和计算后，把数据传给自动驾驶仪，使它工作，以代替驾驶员用手脚进行操纵。此外，还有发动机推力控制盒，可以对发动机油门进行自动调节。

自动着陆系统的主要优点有两个：一是提高飞机进场和着陆时的安全性，因为这时是最容易发生事故的；二是排除不良气象条件的干扰，使民航机的定期飞行更经常化、正规化，避免遇到不良气候时飞机的换场着陆。

（四）燃油和防火、灭火系统

1. 燃油系统

燃油系统的作用是储存燃油并向发动机供油。它的主要构造有油箱、导管、油泵、控制活门及通气管等。

油箱有软油箱、硬油箱和副油箱等。

软油箱由耐煤油的橡胶制成，其优点是可根据需要做成不同的形状，充分利用机体内的空间，受震动的影响较小，中弹后留下的弹孔较小。

硬油箱通常用铝锰合金板材冲压焊接制成，内部有带孔的硬铝隔板。其优点是提高油箱的刚度和强度，隔板可减弱飞机在加速或减速时油液在油箱内的振荡。

副油箱装在飞机外部，如机翼下、机身下或翼尖处，用完可扔掉，通常用铝合金焊接而成。油箱形状呈流线型，尾部有安定面，保证投放时不损坏飞机。

倒飞油箱的作用是：某些军用机倒飞时油箱翻转过来，燃油离开箱底，此时确保倒飞油箱能顺利地供油。

2. 防火系统

此系统的用途是防止油箱在中弹时，燃油挥发出来的气体起火燃烧。其工作原理是，将不自燃也不助燃的气体充入箱内燃油面上的空间，把燃油与空气隔开，以防止燃烧。

防火系统通常包括防火瓶、气滤、减压器和节流器等构件。防火瓶装有液体的二氧化碳，全部变成气体后，可充满油箱的容积。使用时接通防火电门，使防火瓶与油箱连通，此时气压降低，液态二氧化碳迅速变成气体，并沿导管经过气滤、减压器和节流器进入油箱上面的空间。飞行中燃油不断被消耗，二氧化碳也不断充入，使其保持一定浓度，起到防火作用。

3. 灭火系统

灭火设备是飞机上的重要安全设备，在飞行中或在地面试车发生火灾时产生作用。飞机上容易发生火灾的部位有发动机及其吊舱、燃油箱以及机身内的客舱和电气设备舱等。

灭火设备通常包括灭火瓶、减压器、灭火导管、火警感温器和火警信号系统。灭火瓶装有灭火剂。灭火剂为液态二氧化碳或溴化乙烷和加压二氧化碳。较新的则采用溴化亚甲基和溴化乙烷混合液，其灭火能力比二氧化碳大得多，而且在低温下喷射不会结冰。减压器用于减小灭火剂在灭火导管中的压力。火警感温器实际上是一个热电偶，当感温器周围温度增长速度为 2℃/s，温度高达 150~200℃ 时，热电偶产生足够大的温差电动势，输出控制信号，使火警信号系统工作，喇叭响，失火信号灯亮，灭火工作自动进行。有的飞机上还有惯性电门，当飞机迫降时，惯性电门工作将所有灭火瓶上的电磁活门组都打开，所有灭火瓶开始工作。

另外，在机舱内还装有手提灭火瓶，用来扑灭机舱内的火灾。在现代客机上还装有烟雾探测系统，用来探测地板下的前设备舱、前货舱和后货舱内有无烟火。当舱内发生初期烟火时，就能发出警告，驾驶员通过目视指示器就能判断出哪个舱位有烟火。

（五）近地警告系统

近地警告系统是在起飞或接近着陆阶段，且无线电高度低于 750 m 时才起作用。在上述条件下，根据飞机的飞行状态和地形条件，如果接近地面时出现不安全的情况，近地警告系统就会在驾驶舱内发出目视和印象两种报警信号以提醒飞行员采取有效措施，改出当前飞行状态。近地警告系统还具有风切变警告的能力，当飞机遇到风切变情况时，它能发出风切变警告，并及时提醒飞行员从风切变中解脱出来。

近地警告系统的核心是近地警告计算机，它既不像无线电导航系统那样依靠地面导航台才能完成任务，也不像惯性导航系统那样仅依靠自身就能完成任务。它需要从飞机的其他系统接收飞机实际飞行状态的数据，如无线电高度、下降速度、襟翼位置、起落架位置和下滑道偏离情况等信号。计算机将存储的极限数据与飞机实际状态的数据相比较，如果实际状态超越了某种警告方式的极限，则输出相应的音响控制信号到驾驶舱中的警告扬声器，使之发出与警告方式相关的音响警告，并输出相应的目视控制信号到相应的指示灯发出灯光报警，有些还会传输到主飞行显示器上显示有关信息。如果将近地警告系统与自动驾驶系统联合，可使飞行器在进入危险状态时自动改出。图 3-1-33 表示近地警告系统与其他机载系统的关系。应当指出，在某些情况下近地警告系统是不能提供警告的，如飞机飞向垂直陡峭的地形或建筑物，以及慢慢下降至未经平整过的地面时等情况。

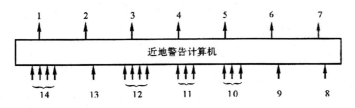

图 3-1-33　近地警告系统与其他机载系统的关系

　　1—警告电子系统，控制主警告灯、语音信号放大；2—发动机指示和机组报警系统，显示系统故障信息；3—故障概要显示（中央维护计算机）；4—电子姿态指示器或主飞行显示器，显示警告信息；5—起落架手柄位置输入；6—襟翼位置输入；7—电源；8—失速信号（来自失速警告计算机）；9—测试指令（中央维护计算机）；10—经纬度和磁航迹（飞行管理计算机）；11—航道偏离（仪表着陆系统或微波着陆系统）；12—磁航向、经纬度、惯性垂直速度（惯性基准系统）；13—无线电高度输入；14—大气数据计算机

第二节　航空发动机的基本构造

一、航空发动机的类型和演变

　　航空发动机是飞机、直升机或其他航空飞行器飞行的动力装置。它将燃料的热能或其他形式的能转变为机械能，为航空飞行器提供飞行的动力。从 1903 年美国莱特兄弟设计制造了四缸活塞式发动机并第一次应用在飞机上到现在，航空发动机技术经历了一个世纪的发展。第二次世界大战后，航空燃气涡轮发动机得到了迅速的发展和广泛的应用。

（一）航空发动机的类型

　　航空发动机类型较多，从航空飞行器推进系统的工作原理来区分，可分为间接反作用推进系统和直接反作用推进系统；按航空发动机的结构特点区分，可分为活塞式航空发动机、燃气涡轮发动机和冲压式发动机。图 3-2-1 为航空发动机的简要分类。

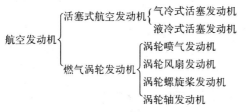

图 3-2-1　航空发动机的简要分类

活塞式航空发动机属于间接反作用推进系统。燃气涡轮发动机是现代航空的主要动力装置，应用广泛。它包括涡轮喷气发动机、涡轮风扇发动机、涡轮螺旋桨发动机和涡轮轴发动机，其中涡轮喷气发动机是最典型的直接反作用推进系统。冲压式发动机也是直接反作用推进系统，但它不能自行启动，而且在低速状态下性能不好，因此限制了它在航空飞行器上的应用。此外，在航空飞行器上应用的发动机还有火箭发动机、脉冲发动机和航空电动机等。火箭发动机不适宜作为航空发动机的主要动力装置，一是燃料消耗率太大，二是不适宜较长时间工作。目前，它仅用作飞机的短时间加速（如启动加速器）。脉冲发动机只适用于低速靶机和航模机。航空电动机仅用于轻型飞机，且尚处于研制阶段。

（二）航空发动机各类型性能特点及演变

航空发动机的性能是决定航空飞行器性能的主要因素之一。航空发动机由早期的活塞式发动机发展到燃气涡轮发动机，尤其是涡轮喷气发动机技术的不断发展，使军用飞机和民用飞机等航空飞行器的性能不断改进和提高。因此，不同类型和不同性能的航空发动机都是为了满足不同时期航空飞行器的性能要求而发展起来的。表 3-2-1 和表 3-2-2 列出了 20 世纪 80 年代用于轻型低速飞机的活塞式航空发动机和几种航空燃气涡轮发动机的基本性能对比。

表 3-2-1　航空发动机基本性能（一）

参数类型	活塞式航空发动机	涡轮螺旋桨发动机	涡轮轴发动机
功率/kW	70~2 000	350~11 000	100~8 500
功率质量比 / $(kW \cdot kg^{-1})$	1.0~1.5	3.0~5.0	4.0~12.0
燃料消耗率 $[kg (kW \cdot h)^{-1}]$	0.20~0.35	0.25~0.35	0.25~0.35

表 3-2-2　航空发动机基本性能（二）

参数类型	涡轮喷气发动机	加力式涡轮喷气发动机	涡轮风扇发动机	加力式涡轮风扇发动机
推力/kN	0.5~150	20~200	2~300	20~300
推重比	4~8	4~8	4~8	6~20
单位耗油率 $[kg (N \cdot h)^{-1}]$	0.07~0.10	0.16~0.22	0.03~0.07	0.16~0.22

1. 活塞式航空发动机

活塞式航空发动机由一般汽油发动机发展而成，是早期应用在飞机或直升机上的动力装置，由活塞式发动机驱动螺旋桨或旋翼产生拉力（或升力）。

活塞式航空发动机的特点是结构复杂、功率小，在高速飞行时螺旋桨效率下降，但在低速飞行时具有良好的经济效益。所以，直到第二次世界大战结束前，飞机发动机基本上都是活塞式的。活塞式发动机经过数十年的发展，技术日臻完善，其功率已提高到 2 940kW，最大飞行速度可达 750 km/h 左右。至今，活塞式航空发动机仍应用在轻型低速飞机和直升机上。

2. 燃气涡轮发动机

由于活塞式航空发动机的功率和螺旋桨效率不能适应飞机等航空飞行器日益继续增速、突破"声障"和提高升限的需求，第二次世界大战后，航空燃气涡轮发动机得到迅猛发展和广泛应用。它是现代飞机和直升机主要使用的发动机。燃气涡轮发动机所包括的四种发动机在结构上有共同的特点，即都有压缩器（压气机）、燃烧室和涡轮组成的核心机（亦称燃气发生器）。

（1）涡轮螺旋桨发动机

它是在 20 世纪 50 年代研制成功的。显然，它是由涡轮经减速器带动螺旋桨产生主要拉力，同时还能利用经喷管排出的燃气产生部分推力，这部分推力大约占总推力的 10%。这种发动机具有较好的经济性。

（2）涡轮轴发动机

它是由燃气通过涡轮驱动转轴输出功率，一般用来带动旋翼。这种发动机由涡轮螺旋桨发动机演变而成，在 20 世纪 50 年代初期开始作为直升机的动力装置。涡轮轴发动机由喷管排出的燃气只产生很小的推力，甚至根本不产生推力。

（3）涡轮喷气发动机

涡轮喷气发动机由进气道、压气机、燃烧室、涡轮和喷管五大件组成。发动机既是热机又是推进器。它与活塞式发动机相比，功率大、质量轻，结构简单、易于维修，适用于高亚声速和超声速飞机。

（4）涡轮风扇发动机

由涡轮喷气发动机加风扇和外涵道组成。它是在 20 世纪 60 年代发展起来的，很快用于运输机和轰炸机上。在性能上，涡轮风扇发动机比涡轮喷气发动机的推力大，经济性能好，适合在飞行速度较大和飞行高度较高的范围使用，但它的迎风面积较大。为了提高最大推力，发展了加力式涡轮喷气发动机和加力式涡轮风扇发动机，其推力可以增大 30% ~ 50%。

3. 冲压式喷气发动机

这类航空发动机的特点是没有涡轮和压气机，它是利用高速迎面气流的冲压作用压缩空气。因此，冲压式喷气发动机结构简单，无转动部件、质量轻，高速飞行时效率高，但是它不能自行启动，适合作为高超声速航空飞行器的动力装置。脉冲喷气发动机也属冲压式发动机。

以上主要介绍的航空发动机类型，都是根据不同时期航空飞行器性能要求而相继研制发展起来的航空飞行器动力装置。增大推力（或功率），改善推力方案，减轻结构质量，降低油耗，提高可靠性及维修简便等性能仍是航空发动机技术的重要研究课题。利用不同类型的航空发动机的优点，研究组合发动机也是一个重要的发展方向。

（三）中国的航空发动机

中国的航空发动机历史可以追溯到 20 世纪初，当时的旅美华侨，中国第一个飞机设计家、制造家和飞行家冯如，在 1909 年 9 月 21 日成功试飞了他自己设计和制造的飞机。飞机上所用的螺旋桨、发动机和其他零部件都是冯如自己设计和制造的。

中国有过不少次制造航空发动机的尝试。早期汉阳兵工厂仿制过 22kW 的安赞尼（Anzani）气冷星型发动机；北洋工学院仿制过 45kW 的华尔特（Walter）发动机。可惜，都因为设备和材料等原因而失败了，在 20 世纪 30 年代，国民党政府曾多次筹集建厂，制造航空发动机，但都未成功。抗日战争时期建大定发动机厂（对外称"云飞机器公司"），曾装配多种航空发动机。新中国第一台航空活塞式发动机 M-11FR 在 1954 年 9 月 18 日正式批准投入生产，该发动机根据苏联提供的技术资料进行生产，是 5 缸的星形气冷发动机，起飞功率为 119kW，质量为 180kg，用于雅克 -18 初级教练机。

1958 年 6 月试制成功的活塞 5 发动机起飞功率为 750kW，带单速增压器，可以等功率地保持到 1 500m 的高度，用于运 5 和里 -2 飞机。1962 年 6 月成功制造的活塞 6 发动机，用于初级教练机初教 6，并陆续发展了活塞 6-甲、活塞 6-乙、活塞 6-丙、活塞 6-丁和活塞 6-戊等型号，功率从 194kW 提高到 261kW，用于初教 6 和运 11 等一些轻型飞机和直升机。其中活塞 6-甲型到 1986 年产量达 3 000 多台。

活塞 8 是新中国改型研制成功的第一种航空发动机，可靠性和高空性能均比较好，可同时装备苏制图-2、伊尔-12 和伊尔-14 以及美制 C-46 飞机。

中国人第一次接触涡轮喷气发动机是在第二次世界大战结束后的第一年，即 1946 年，当时的中国政府花 5 万英镑自英国买回了离心式涡喷发动机尼恩发动机的专利，但受当时时局影响没有掌握喷气技术。新中国成立后，曾多次从苏联购置 RD-10、RD-20 和 RD-45 发动机，其中 RD 45 装备的米格-15 在朝鲜战争中大显威风，其生产量达 16 500 架。

1956 年 5 月，中国第一台涡喷发动机涡喷 5 仿制成功，用于歼 5 飞机的改进型。1961 年 10 月，第一台用于超声速战斗机的轴流式涡喷发动机涡喷 6 仿制成功，用于歼 6 飞机。1966 年又仿制了用于两倍声速战斗机的涡轮喷气发动机涡喷 7，用于歼 7 飞机。在仿制的同时，还根据空军需要对有关产品进行了大量的改进、改型。

中国首台自行设计的涡喷发动机是喷发 1A，这台推力为 1 570da 的小型离心式涡喷发动机用于中国自行设计的歼教 1 飞机。20 世纪 80 年代，为满足歼 7、歼 5 的动力改装需要，严格按照国军标和型号规范的要求，开始设计高性能的中等推力等级的"昆仑"号涡喷发动机，该机于 2002 年 7 月 9 日获国家批准设计定型，"昆仑"系列中的"昆仑"Ⅱ号与属于第三代发动机的 RD-33 发动机性能相差不多（表 3-2-3），它的研制成功标志着中国航空涡轮喷气发动机的研制已经迈出了坚实的一步。

表 3-2-3　"昆仑"Ⅱ号和 RD-33 发动机的主要性能和结构参数对比

参数	"昆仑"Ⅱ号发动机	RD-33 发动机
加力推力/daN	>7 650	8 140
不加力推力/daN	>5 390	4 913
加力耗油率/（kg·（daN·h)$^{-1}$）	<1.84	2.09
不加力耗油率/（kg·（daN·h)$^{-1}$）	<0.949	0.785
发动机最大外径/mm	882	1 000
发动机总长/mm	4 635	4 230
推重比/mm	7.0	6.62~7.87

早在 20 世纪 60 年代初，中国就开始了涡扇发动机的研制，即在涡喷 6 发动机的基础上改型设计的涡扇 5；1965 年起开始自行设计涡扇 6 加力式涡扇发动机；1975 年购买英国斯贝 MK202 加力式涡扇发动机的专利许可权，1980 年制造成功，该发动机中国编号为涡扇 9，最大推力为

9 126 daN，后来装备在"飞豹"战斗轰炸机上；2002 年又研制成功小型涡扇发动机涡扇Ⅱ，推力为 1 470 daN，用于高级教练机。

中国沈阳航空发动机设计研究 2005 年 12 月 28 日设计出的"太行"涡扇发动机，经过国家设计定型审查之后，2008 年 11 月 4 日正式亮相珠海航展，这是我国自主研制的第一种大推力加力式涡扇发动机。它的研制成功使我国自主研制的航空发动机实现了从中等推力到大推力，从涡喷发动机到涡扇发动机，从第二代发动机到第三代发动机的历史性跨越。其性能对比如表 3-2-4 所示。

表 3-2-4　发动机性能对比

发动机型号	AL-31F	M53-P2	太行	F110PW100
研制国家	俄罗斯	法国	中国	美国
装机对象	苏-27 系列	幻影 2000 系列	歼 10	F/A-22
最大加力推力/daN	12 258	9 500	13 200	15 570
中间推力/daN	7 620	—	—	—
加力耗油率/（kg·（daN·h）$^{-1}$）	2	2. 12	—	—
中间耗油率/（kg·（daN·h）$^{-1}$）	0. 795	0. 907	—	—
推重比	7. 14	6. 56	7.5	10
空气流量/（m^3/h）	112	94	—	—
总增压比	23. 8	9. 8	—	—
涡轮前温度/K	1665	1533	1747	—

二、活塞式航空发动机

活塞式航空发动机按冷却方式可分为气冷式和液冷式两种，如图 3-2-2 所示。

（一）活塞式航空发动机基本构成及工作原理

（1）活塞式航空发动机的基本构成

通常情况下，活塞式航空发动机多为四行程、往复式汽油内燃发动机，其主要构件包括气缸、活塞、曲轴、连杆、进气门、进气阀、排气

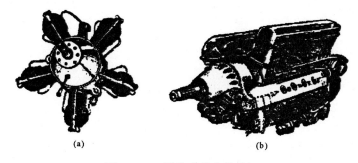

图 3-2-2　活塞式航空发动机

（a）气冷式；（b）液冷式

门、排气阀、机体等。作为推进系统还包括燃料系统、润滑系统、冷却系统、点火和启动系统等。此外，在发动机前部装有减速器，用于调节输出轴的转速；多数发动机在机体后部装有增压器，用于提高发动机的高空性能。

（2）活塞式航空发动机的工作原理

发动机工作时，燃料与空气混合并在气缸内燃烧，产生的高温、高压燃气驱动活塞做往复直线运动，由曲轴上输出机械功，经减速器调节转速带动螺旋桨或旋翼旋转而产生拉力或升力。

（二）活塞式航空发动机工作过程

其工作过程由四个行程（活塞在气缸中上下往返各两次）完成一个工作循环，图 3-2-3 为四行程发动机工作过程示意图。

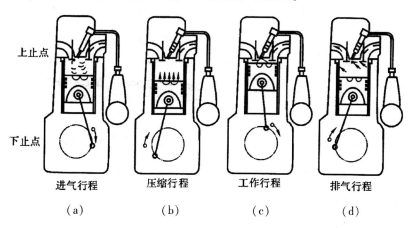

图 3-2-3　四行程活塞式航空发动机工作过程示意图

（a）进气行程；（b）压缩行程；（c）工作行程；（d）排气行程

1. 进气行程

如图 3-2-3 中的进气行程所示，此时发动机的进气阀打开进气门，经雾化器雾化的燃料与空气混合进入气缸，使活塞下行至下止点。

2. 压缩行程

如图 3-2-3 中的压缩行程所示，此时进气门已关闭，活塞开始上行，压缩混合气体直到活塞到达上止点。

3. 工作行程

安装在气缸头部的电火花塞打火，将压缩的高压混合气体点燃，燃烧产生的高温、高压燃气开始膨胀，推动活塞下行，带动连杆机构运转并带动曲轴，进而带动螺旋桨旋转。此过程将燃烧气体的热能转换成机械能。

4. 排气行程

如图 3-2-3 所示的排气行程，当燃气膨胀结束时，排气阀打开排气门，排出工作后的废气，活塞开始上行直至上止点，排气阀关闭。

以上四个行程完成一个工作循环，接下来重复第二次循环。

（三）活塞式航空发动机辅助系统

为保证发动机正常工作，活塞式航空发动机作为推进系统还包括一些辅助系统。

1. 燃料系统

它由燃料箱、燃料泵、汽化器（亦称雾化器）或喷嘴装置等组成。燃料经过泵从燃料箱打入汽化器，雾化的燃料与空气混合后进入气缸。

2. 点火系统

由磁电机产生的高电压在极短时间内产生电火花，点燃混合气体。

3. 润滑系统

由润滑油泵将润滑油输送到滑动的运动面间隙及轴承中，以减轻运动零部件的磨损。

4. 冷却系统

混合气体燃烧产生的高温燃气，必然有一部分热量传递给发动机的气缸壁及其他部件，此外在运动件之间的摩擦也产生热量。如果这些热量不断聚集，势必造成气缸壁及其他运动件受热严重，导致机械强度下降，从而影响发动机的工作性能和使用寿命。因此，发动机要有冷却装置，一般采用气冷或液冷，在结构设计上常用散热片或散热套来实现冷却。

5. 启动系统

活塞式航空发动机的启动须靠外力。常用的启动方式有两种：一是将压缩空气送入气缸，推动活塞带动曲轴运转；二是用电机带动曲轴转动。

6. 定时系统

定时系统即为控制系统，该系统控制发动机的进气门和排气门的开启与关闭。

（四）活塞式航空发动机的主要性能参数

1. 发动机功率

发动机用于驱动螺旋桨运转的功率称为有效功率。活塞式发动机主轴输出的功率是轴功率。相对而言，活塞式航空发动机的功率较小，一般为 $70 \sim 2\,000$ kW。

2. 燃油消耗率（耗油率）

航空发动机在单位时间内产生单位有效推力或功率所消耗的燃料量称为燃料消耗率，单位为 kg/（kW·h）。它是评定航空发动机经济性的重要指标，是决定飞机航程和续航时间的重要参数。活塞式航空发动机的耗油率一般为 $0.2 \sim 0.35$ kg/（kW·h）。

3. 加速性

加速性是指发动机从最小转速加速到最大转速所需要的时间。该时间愈短愈好。加速性好有利于飞机进行机动飞行。此外，其他的性能参数还有工作可靠性、可维修性、使用寿命、迎风面积、结构质量及体积尺寸等。

三、涡轮喷气发动机简介

涡轮喷气发动机是典型的燃气涡轮发动机，在航空航天飞行器动力系统分类中，又属于喷气发动机类，它主要应用在超声速飞机上。

（一）涡轮喷气发动机的工作原理

涡轮喷气发动机的工作原理简图如图3-2-4所示。涡轮喷气发动机壳体内有压气机、燃烧室、涡轮和尾喷管等主要部件，作为推进系统还有燃料、启动等系统。当发动机工作时，从进气道吸入的空气进到发动机。气流速度降低，压力则升高。经过压气机时，将气流的压力再度提高几倍甚至几十倍（目前已高达30倍以上），随后进入燃烧室。与从燃烧室顶部喷嘴喷出的燃料混合燃烧，此时燃料的化学能转变为热能。燃烧生成的高温、高压气体膨胀做功，驱动涡轮工作。高速旋转的涡轮带动压气机工作，经过涡轮后的燃气由喷管高速喷出，由反作用力原理，高速喷出的气流产生了推动飞行器飞行的推力。

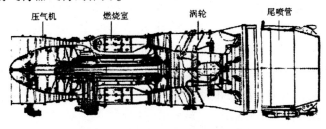

图3-2-4 涡轮喷气发动机的工作原理简图

涡轮喷气发动机作为热机，它的工作过程也是热能转变的热力循环，但是涡轮喷气发动机排出的燃气不再参加下一个循环，所以是一个开口的循环。从空气进口到尾喷管出口可分为四个过程，即压缩过程、加热过程、膨胀过程及定压放热过程。

压缩过程：此过程是在进气道和压气机部件中进行的，有多种流动损失，因此是个多变压缩过程。

加热过程：此过程是在燃烧室部件中进行的，存在流动损失和热阻损失，并伴有压力下降。其工质的化学成分和流量都会发生变化，因此不是定压加热过程。

膨胀过程：此过程是在涡轮和尾喷管部件中进行的。膨胀过程也有多种流动损失和散热损失，也是多变过程。

定压放热过程：此过程是在尾喷管外进行的，即在发动机体外完成。
以上四个过程描述了涡轮喷气发动机的实际循环。

（二）涡轮喷气发动机性能参数及基本要求

涡轮喷气发动机与活塞式航空发动机不同，它既是热机，又是推进装置。由于进出 1∶1 的速度变化产生动量差，就产生了推力。它的性能参数与活塞式航空发动机有所不同。

1. 性能参数

（1）推力

推力是涡轮喷气发动机最主要的性能参数，推力的国际单位制单位是 N（牛顿）。由于 10N（daN）与工程单位制的力的单位千克力接近，故有时用 10N 表示推力。推力符号用 F 表示。

对于发动机来讲，如我们大家都知道的内燃机，也包括活塞式航空发动机，都是以功率作为它的性能指标的。这是因为活塞式航空发动机发出的是功率，再通过螺旋桨转变为拉力使飞机飞行，发出的功率越大，则飞机的飞行速度越高。而涡轮喷气发动机则是热机与推进器为一体，它可直接产生作用在飞机上的推力。所以用推力表示对飞机做的推进功，更直观、更方便。

需要指出的是，涡轮喷气发动机的推力与它作为热机所产生的功率并无固定的折算关系。也就是说，推力的大小不能无条件地代表发动机功率大小。这是因为一定推力的发动机相当于多少功率的关系中，还与飞行速度和排气速度的平均值有关。

涡轮喷气发动机推力的定义是作用在发动机内外表面上的压力合力。其表达式为

$$F = q_{me}v_e - q_m v_0 + A(p_e - p_0)$$

式中：

q_m——发动机进口单位时间内空气的质量流量；

q_{me}——发动机出口单位时间内燃气的质量流量；

v_0——进口的气体速度；

v_e——喷管出口的燃气速度；

A——尾喷管出口处截面积；

p_0——外界周围大气静压；

p_e——尾喷管出口截面的静压。

推力虽然是涡轮喷气发动机的一个重要性能指标，但是只依据推力的

大小并不能说明发动机性能的优劣，因为它并不能表明发动机的结构尺寸大小及结构质量大小，更不知道它的燃油消耗多少才产生这样大小的推力。因此，涡轮喷气发动机必须引入其他的单位性能参数，才能全面地评价发动机的性能好坏。

（2）单位推力

发动机的推力与每秒流过发动机的空气质量流量之比，称为发动机的单位推力，用字母 F_s 表示，即

$$F_s = F/q_m$$

式中，F_s 的单位是 N·s/kg。

单位推力是涡轮喷气发动机的最重要的性能参数之一。它表明每千克空气质量流量所能产生的推力大小。所以在给定的飞行条件下，对于确定的发动机结构尺寸和质量，单位推力越大，发动机的推力也就越大。目前，涡轮喷气发动机在地面最大工作状态时的单位推力大约为 600~750 N·s/kg。

（3）推重比

发动机的推力和发动机结构质量之比，称为推重比，即

$$F_m = F/mg$$

式中：m——发动机的结构质量；

F——地面台架上发动机最大工作状态时的推力；

g——重力加速度。

推重比是衡量发动机性能的一个综合性能指标。它不仅体现涡轮喷气发动机在热力循环方面的设计质量，而且也体现了发动机在结构设计，包括结构材料及工艺水平等方面的综合质量。目前，涡轮喷气发动机在地面的推重比为 3.5~4，加力式涡轮喷气发动机推重比为 5~6，加力式涡轮风扇发动机的推重比已达到 8~10。

（4）单位迎风面积推力

发动机推力和发动机最大迎风截面面积之比，称为单位迎风面积推力，即

$$F_A = F/A$$

式中：A——发动机最大迎风截面面积。

当发动机被安装在单独的发动机短舱内，迎风面积的大小，在一定的飞行条件下，决定了发动机短舱外部阻力的大小，也将影响发动机的有效推力。而对同一类型的发动机来讲，若迎风面积推力增大，则说明发动机推重比也增大。

单位迎风面积推力的单位是 N/m²。目前先进的涡轮喷气发动机单位

迎风面积推力为 $9×10^4 \sim 1×10^5$ N/m^2。

（5）单位耗油率

单位耗油率是产生一个单位的推力（1N）每小时所消耗的燃料。它是某一飞行速度下的发动机的经济性能指标，单位是 kg/（N·h），目前大型风扇发动机的单位耗油率为 0.04~0.05 kg/（N·h）。只有在同一飞行速度条件下来比较两个发动机的经济性能时，使用单位耗油率才是合理的。

以上介绍的五个性能参数是涡轮喷气发动机的主要性能指标，在全面评价发动机的性能时，还应考虑发动机的使用性能，如发动机的噪声和排气污染要小，发动机启动过程迅速可靠，发动机的加速性要好，等等。

在表 3-2-5 中列出了一些第四代战斗机发动机的主要参数和用途。

表 3-2-5　第四代战斗机发动机主要参数和用途

主要参数及用途	F119	EJ200	M88-Ⅱ	AL-41F
最大推力/（N/m^2）	15 560	9 060	7 500	17 500
中间推力/（N/m^2）	9 790	6 000	5 000	—
最大耗油率［kg/（N·h）］	2.0 *	1.73	1.80	—
中间耗油率	0.88 *	0.79	0.89	—
推重比	>10	10	8.8	>10
总增压比	35	26	25	—
涡轮前温度/K	1 700 *	1 530	1 577	1 637 *
涵道比	0.2~0.3	0.4	0.3	—
用途	F-22	EF2000	"阵风"	米格 1.42

注：带 * 号者为估计值

2. 基本要求

由上面介绍的发动机的五个性能参数，再考虑发动机的制造工艺，则可以概括发动机的基本要求，即高推重比、小迎风面积、低耗油率、性能稳定、高可靠性及低使用成本。

（1）高推重比、小迎风面积

发动机的迎风面积大，则意味着发动机的结构质量也大。所以推重比和迎风面积对飞机的性能影响是一致的，当然更主要的还是推重比的影响。

飞机的机动性一般包括飞机的加速性、爬升率及转弯半径，这些性能主要取决于发动机的推力和飞机结构质量，显然发动机结构质量的大小对整个飞机质量的大小产生很大的影响。因此，推重比就成为非常重要的发动机性能指标。当前国际上现役机种的发动机推重比为 8~10，推重比为 10 一级的航空发动机则代表当前国际上先进性能的发动机。

（2）低耗油率

单位燃料消耗率低的通俗说法就是省油，说明发动机的经济性好。单位燃料消耗率低，对于军用飞机来讲，可以增大作战半径；反过来说，飞机在空战中能有更长的作战时间。对于民航事业来讲，降低单位燃料消耗率具有实惠的经济效益。

（3）性能稳定和高可靠性

对航空发动机来讲，工作的稳定性和可靠性是有联系的。这要求发动机在飞机飞行的各种可能出现的工作状态下都能保持稳定工作，如飞机的启动过程、加速过程的性能直接与发动机工作稳定可靠有关；又如飞机在各种机动飞行时，发动机是否出现燃烧室熄火、进气道或压气机出现喘振、热部件出现过热等问题；发动机在非设计状态下工作是否正常。

（4）低使用成本

所谓使用成本，通常有以下三个方面的内容：

①燃油消耗：主要指燃油消耗的经济价值。

②发动机本身的价格：这与发动机的设计、制造、材料等多种因素有关。

③发动机的维护费用：发动机的可靠性好，则发动机的维护费用低。

（三）发动机的基本工作状态

发动机在使用时，存在一个合理的转速范围，在发动机从最大到最小的允许连续工作的转速之间，人们规定了几种常用的基本工作状态。

这种规定各个国家和不同机种不尽相同。现将我国广泛采用的，比较一致的几个状态介绍如下：

1. 最大状态

在这一状态下，发动机的转速和涡轮前燃气温度都达到最大值，此时推力也达到最大值。由于这一状态下发动机各部件承受最大的机械载荷和热载荷。因此，要严格限制这种状态下的连续工作时间，一般不超过 5~10min。最大工作状态一般只适用于起飞，对于歼击机来讲，也可用于短时间的爬升和加速。

2. 额定状态

通常规定推力为最大推力的 80%~90%时为发动机的额定状态。

实现从最大状态到额定状态，可采用沿发动机共同工作线降低转速、降低涡轮前燃气温度，或采取保持转速不变，而通过扩大喷口临界面积使涡轮前燃气温度下降的办法。这几种措施依不同发动机来选定，有的发动机对额定状态还有时间限制，如有的发动机限制额定状态连续工作时间不超过 30~60 min。额定状态一般用于爬升，对于歼击机还用于高速平飞。

3. 巡航状态

通常规定推力为最大推力的 50%~75%时，为发动机的巡航状态。

发动机在巡航状态下，其转速、涡轮前燃气温度以及单位耗油率都较低，在寿命期内连续使用时间不限，因此适宜做长时间的远距离航行。

4. 慢车状态

发动机保持稳定工作的最小转速工作状态就是所谓的慢车状态，通常规定推力为最大推力的 3%~5%，慢车状态的转速为最大转速的 20%~40%。慢车状态主要用于飞机的着陆及地面短时间检查发动机工作。慢车状态有时间限制，一般规定连续工作时间不超过 5min。

5. 加力状态

超声速军用飞机的加力式发动机，除了上述的各工作状态外，还规定了加力状态。加力状态一般分为全加力状态、部分加力状态和小加力状态3 种。

（1）全加力状态（最大加力状态）

在这个状态下，发动机能够保证具有最大的加力推力，因而能保证发动机具有最大的加力度，它是加力发动机受力最大的状态。在多数发动机上，发动机在全加力状态下连续工作时间所受的限制与在最大状态时所受的限制相同。采用全加力状态的场合是起飞、飞机加速时，在空战的条件下则是在追击敌机、拦截目标以及机动飞行时。

（2）部分加力状态

这种状态的特点是推力值比全加力状态时的推力值小一些。部分加力状态在飞机做长时间的超声速飞行时采用。军用飞机则是在空战的条件下采用。

（3）小加力状态

这种状态是最低的加力状态。为了使飞机在全部推力范围内获得连续变化的推力值，要求小加力状态的推力与最大状态的推力相差不大。节流加力时，加力发动机的推力减小的极限是保证加力燃烧室不熄火。

五、航空发动机的燃料

航空发动机的燃料，目前世界上均以汽油和煤油为主，二者均是石油制品，因战争和储量衰竭的问题，石油供应日趋紧张。为解决这个问题，各国都在寻找新的能源和代用品。

（一）汽油和煤油

活塞式发动机以汽油作为燃料，而喷气发动机以煤油作为燃料，这是因为以下四个方面原因：

①汽油和煤油虽然都是石油蒸馏出来的碳氢化合物，但汽油是轻质油，同等油箱容积所装载的汽油质量少，影响航程。

②喷气发动机须在高空工作，高空中气压低，汽油极易蒸发。

③飞机在高速飞行时，飞机表面与空气相互摩擦使表面受热，温度升高，油箱温度也随之升高，汽油易蒸发和沸腾，不仅浪费，还会产生气泡堵塞油路，即通常所说的气阻。若燃油系统内产生气阻，易产生供油脉动，造成燃烧不稳定，致使发动机空中停车，可能造成飞行事故。如果冒出来的油蒸气和外界空气混合，达到一定浓度，甚至会引起爆炸。

④喷气发动机耗油量大，煤油价格低廉，更加经济。

（二）酒精

将酒精应用到航空发动机的原因主要是物资匮乏。1946年3月，我军第一所航空学校东北航校初建，由于当时物资非常稀缺，就用酒精代替汽油做过发动机燃料，训练了许多飞行员和领航员。

同样以酒精作为燃料的还有日本，太平洋战争后期，美国切断与中东的海上运输线之后，日军的汽油来源断绝，也曾试图用酒精代替汽油，但未获成功和实际应用。

由于酒精的燃点、燃烧速度和燃烧值与汽油不同，如果要求输出的功率达到飞行所需的马力，必须调整有关部件的数据。因为酒精来源也有限，价格较贵，目前世界上一些国家正在研究用价廉而且化学性质与酒精相近的甲醇作为飞机燃料。

（三）太阳能

太阳能是自然界赋予人类取之不尽的清洁能源之一。应用太阳能的方法有多种，其中之一就是光电转换技术，即太阳能电池。其原理就是将太阳光照射的能量通过半导体转换成电动势能，在外部接上负载就可输出电能。这种方法在航天器电源系统上早已应用，如各种应用卫星和空间站上的太阳能电池板。但是，太阳能飞机还处于研究阶段。

太阳能飞机是以太阳辐射为推进能源的飞机。太阳能动力由太阳能电池、直流电动机、减速器、螺旋桨和控制装置组成。由于太阳辐射的能量密度小，为了获得足够的能量，飞机应有大的机翼面积，以便铺设太阳能电池。

在这一基础上，美国在 20 世纪 80 年代初研制出"太阳挑战者"号单座太阳能飞机，如图 3-2-5 所示。飞机翼长为 14.3m，翼载荷为 60Pa，飞机空重为 90kg，机翼和水平尾翼上表面共贴有 16 128 片硅太阳电池，在理想阳光照射下能输出 3 000 W 以上的功率。这架飞机 1981 年 7 月成功地由巴黎飞到英国，平均时速为 54km，航程为 290km。

图 3-2-5　"太阳挑战者"号单座太阳能飞机

2007 年 11 月 5 日，在瑞士杜本多夫举行的新闻发布会上，展出了"阳光脉动"太阳能飞机样机。科研人员历时 4 年制成了这架太阳能飞机。瑞士探险家贝特朗·皮卡尔在 2003 年提出太阳能飞机环球飞行构想，计划驾驶太阳能飞机，经过 5 次起降实现环球昼夜飞行，这一计划被命名为"太阳脉动"。但总的来说，太阳能飞机还处于试验研究阶段，它的有效载重和速度都很低。

（四）氢燃料、天然气发动机

在地球上，氢是最简单、最普遍的化学元素，氢的存在形式是与氧结合生成的水，而地球上水的含量是非常丰富的。如果将水中的氢分解出来，可缓解目前燃料日益短缺的问题。而且，用氢做燃料，不产生碳氧化物和烟尘，产生的碳氧化物也比煤油燃烧时的少 2/3，并且氢燃料的燃烧值是煤油的 2.78 倍。因此，采用氢燃料的航空发动机具有很好的发展前景。

但是，要使氢燃料飞机获得实际应用，还需要解决一些技术难点。

①液氢的密度大约只有煤油的 1/12，能发出同样热量的液氢的体积是煤油的 4 倍，因而装载液氢燃料的燃料箱体积太大，飞机设计师必须重新设计飞机机翼，以容纳体积更大的氢燃料。

②由于液氢的工作温度为 $-253℃$，使用液氢需要一套低温地面运输和存储系统，以及机上燃料供应和控制系统。

③液氢的生产成本高，大约是煤油的 3 倍。而且，目前遍布世界各地的机场，都已经配备了石油的供应系统，改用液氢牵涉世界机场地面设施的技术改造，是一项耗资极大的工程。

④氢燃料燃烧后排出大量的水汽（比煤油燃烧后多 2.8 倍），如果形成冷凝带，也会对飞行产生影响。

（五）燃料电池发动机

今后，电力驱动的飞机将引起人们更多的关注。这是由于电动飞机可大大减少一氧化碳和二氧化碳的排放量，并减少对石油燃料的依赖。普通飞机发动机工作一定时间后就要进行一次大修，而电动飞机的发动机每 10 000 h 才需要进行一次大修。此外，电动飞机无污染、无噪声、发热量极小，而且电动机作为热、光和微波的辐射或散射源几乎无法探测到。因此，电动飞机对军事领域具有极大的诱惑力。电动飞机有发展潜力的能源之一是燃料电池。

燃料电池的工作原理与电解水的逆过程相似，氢基燃料送入燃料电池的阳极（电源的负极）转变为氢离子，空气中的氧气送入燃料电池的阴极（电源的正极），负氧离子通过两极间离子导电的电解质到达阳极与氢离子结合成水，外电路则形成电流。通常，完整的燃料电池发电系统包括电池堆、燃料供给系统、空气供给系统、冷却系统、电力电子转换器、保护与控制及仪表系统。

（六）核能发动机

核能矿物中凝聚了极大的能量，可以长期使用而且耗费极少。目前已有核能驱动的舰船和潜艇，它们都可以长期运行而不用补充燃料。核能发动机是利用核燃料裂变所发出的巨大热量对发动机的工质进行加热，以获得大量高温燃气，高温燃气从发动机中高速排出产生反作用推力的发动机。

这种发动机在设计生产使用的过程中，有一定的困难因素，那就是核裂变过程中产生的辐射对人体、结构材料和设备会造成严重的危害，而安装笨重的防护层又会使得飞机结构质量过大。因此，人们普遍认为，只有当航空进入"超大型"飞机时代，才会出现核动力飞机。

当前，核能发动机发展最为先进的国家是美国，他们已经将这种工艺和技术应用到了军事航天或海军当中。

（七）微波发动机

微波是一种波长从 1～1 000m、频率从 300～300 000MHz 的电磁波。现代科学成果表明，微波能够有效地传输能量。微波动力飞机的工作原理是，地面上的微波站将能量很高的微波发射给空中的飞机，飞机将其天线所接收的微波再转换成电能，驱动电机带动螺旋桨旋转。微波动力飞机质量轻，工作效率高，由于飞机所需的电能是由地面供给的，因此在空中飞行可不受燃料的限制。它在军事上可作为预警机守卫国土，也可作为高空侦察机。在民用方面，这种飞机可用来进行农业监测、天气预报等，还可以装上雷达和通信设备，作为广播、电视、通信的天上中转站。

如今加拿大、美国都已试制出较大型的微波动力飞机，但地面发射天线太大，不容易转动，一般还只能作为垂直上下飞行及悬停的直升机。当前，中国也已经意识到这种技术的有利性，也已经投入大量的人力与物力进入这一方向，相信在不久的将来，在研究微波动力飞机方面一定能取得不俗的成绩。

第四章　飞行环境和空中交通管理

民用航空器的航行活动离不开飞行环境的限制与空中交通的管理。只有确保飞行环境良好且飞行活动符合空中交通管理的严格要求，民用航空器才能正常地飞行。下面我们就从飞行环境与空中交通管理两个方面来分析影响民用航空器的主客观因素。

第一节　航空器的飞行环境

对于任何航空器来说，良好的飞行环境都是完全飞行的必备条件。只有了解了飞行环境，才能更好地在实际飞行活动中积极应对可能出现的各种问题。

一、飞行基本环境——大气层

大气层又名大气圈，我们的地球就被这层"外衣"所笼罩。大气层是所有航空器都可以发挥实力的"舞台"。正因为所有的航空器都需要穿越大气层才能达到最终的舞台——宇宙空间，大气层内部出现的各种现象以及相应的空气运动都会对航空器的上升活动产生重大的影响。因此，大气层的基本特征、内在属性、内部产生的现象以及相应的空气活动都是我们需要研究的内容。

（一）大气层的基本构造

大气层的厚度在 1 000km 以上，但是每一层之间的界限并不突出。不同大气层的高度表现出不同的特点，基本上大气层的构成可分为对流层，也可以叫作变温层以及平流层和中间层。

1. 对流层

（1）对流层的产生
对流层是从地面开始算起大气层的第一道"防线"。之所以称为对流层是因为有上升趋势的热气流出现在该层，这层的空气运动活跃，既有水平方向的流动，也有垂直方向的流动。但又因为大气的温度会依据与地面距离的远近而发生变化，也就是说，离地面越近，温度越高，因此该层也可称作变温层。

（2）对流层的高度变化

我们都知道地球的引力会根据所在纬度的不同而发生变化，那么对流层的高度也会根据纬度的不同而发生变化。对流层的高度是从赤道开始向两级递减，赤道处的对流层高度为17～18km，而两级处的对流层高度仅为8～9km。地球公转产生的四季变化也会对对流层的高度产生影响，通常夏季的对流层高度要比冬季时期要高。

（3）对流层的基本特点

我们根据上述对对流层概念的简单分析，将其特点归纳如下：

①大气层的温度会随着高度的增加而下降。每当大气高度增加1 000m时，大气的温度将会降低6.5℃，特征原理为此层的空气热量并不来自于太阳的照射而是地面的上升热气流，因而温度会随着高度的不断增加而下降。

②对流层的风向与风速时刻变化，不固定。太阳对地面的照射强度不同，不同地区的气温、密度以及压力也会有差异，这就是对流层风向与风速经常变化的原因。

③对流层空气运动活跃，上下对流明显且激烈。产生空气对流的原因是空气受到温度的影响，受热过多的空气自然会膨胀，运动趋势向上，受热过小的空气自然就会冷却。运动趋势向下，上下的空气碰撞带来了对流。

④对流层的气象非常多，云、雨、雾、雪都很常见。气象多的原因是空气中90%以上的水蒸气都在该层，由水蒸气运动变化而产生的各种天气气象自然就会增多。

（4）对流层与飞行环境

对流层是大气层中对航空器产生影响最大的部分，因为所有航空器的空中活动区域多集中于对流层。可见，对流层会对航空器的飞行产生直接的影响，影响具体如下：

①对流层影响飞机的气动外形。通过上文所述，我们知道了温度会随着高度的增加而不断下降，那么在对流层中活动飞机自然也会受到温度的影响，一旦温度过低，飞机外形便会出现结冰的现象。此时，飞机的气动外形也就发生了改变，在机内空调系统的作用下，无论是飞机上的机载设备，还是飞机内部的工作人员、乘客都会遇到危险。

②风速、风向的变化影响飞机航行的稳定性。在飞机飞过不同地区，不同的风速与风向会直接影响飞机航行的速度与方向。一旦空气因风速、风向的变化而产生对流，那么机身就会颠簸。在对流层也会可能出现风切变，即风向瞬变由向南变化为向北，此时会对飞行的航行产生重大危害。

③对流层的能见度直接影响飞机航行的起飞与降落。由于水蒸气的活跃，云、雨、雾、风、雪都会大量出现在对流层。无法准确预知的天气气候会对飞行时的能见度产生影响。对流层空气的能见度过低会直接影响飞行员目视飞行时的方向把控。虽然现代科技技术已经可以减少天气变化对飞行能见度的影响，但是在飞机起飞与降落的时候，目视飞行还是无法躲避天气变化的影响。

2. 平流层

平流层的空气运动比起对流层要略稳定，几乎只有水平流动，而没有垂直流动。平流层在对流层向上距离地面为35~40km。正因为对流层没有过于活跃的空气运动，因此该层的温度也比较稳定，同温层也就成为该层的另一个名称。根据平流层的定义，我们将其特征归纳如下：

①平流层的温度相对稳定，受地面气流的影响很小，基本保持在 −56.5℃左右；

②平流层的气象变化很少，因为该层的水蒸气少，云、雨、雾、雪等气象自然少见；

③平流层的空气密度比较小，风速与风向变化小，鲜少出现对流现象。

平流层的温度变化还与臭氧层相关，正因为臭氧层存在于55km左右的高度，它会吸收大量太阳发出的紫外线，保护地球，因此臭氧层的温度会比较高。

3. 中间层

中间层顾名思义是在大气层结构中的中间位置。中间层的高度是从平流层向上算起距地面80~100km。中间层的特征是该层的空气温度变化明显，基本为先升高后降低的趋势；风速大但变化不多。

4. 民用航空器在大气层的活动范围

民用航空器在大气层的活动范围基本固定在对流层以及平流层的下面，实践范围为从地面向上18 000m左右的高度。不同的航空器在大气层的活动范围有所不同，一般来说，小型的喷气飞机和没有增压座舱的飞机会在距离地面 6 000m 高度以下的对流层中活动，而大型和高速的喷气客机会在距离地面 7 000~13 000m 高度的对流层上部以及平流层内部活动，因其装有增压装置，而具有更多向上飞行的动力。

之所以民用航空器需要在对流层和平流层飞行，是因为在此范围内空气运动比较稳定，以水平流动为主，几乎没有垂直流动，对流比较少见。飞机可以以相对平稳的状态飞行，而且这个范围的空气相对稀薄，不会对航空器产生过大的阻力，航空器的飞行速度可以提升。如此一来，航空器的飞行时间少了，燃料自然也得以节省，飞行成本也会随之降低。因此，大部分现代民航运输都会在对流层或是其以上的平流层内活动。但是，部分专业用途的航空器会为了进一步减少空气对飞行的阻力而把活动范围扩大，基本维持在 13 500~18 000m 甚至更高的位置。

(二) 大气层的物理参数

大气气压、空气密度、大气温度和音速是影响航空器空中飞行的四大物理参数。这些大气物理参数之间存在着密切的关系，它们彼此联系，相互作用，并且这四大物理参数会根据不同地区的维度、四季的变化而随之发生改变。

1. 大气压力

大气压力就是空气在单位面积上所产生的压力。大气压力来源于空气内部分子的热运动，也可以说，大气压力来源空气的重量。根据物理原理，大气压力既与高度息息相关，也会随着温度的变化而发生改变。高度越低，大气压力越小，温度亦是如此，温度越低，大气压力越小。

根据著名的布朗运动理论，大量运动的分子连续不断地撞击物体表面，这种空气分子对物体的撞击作用，即表现为大气对该物体所施加的压力，且分子的运动是不规则的。因此，对于某个质点各方向上的压力是相等的。

正由于空气在静止的大气中只会以水平的方向运动，而不存在垂直的空气运动方向，因此空气所受垂直方向的力是平衡的。换言之，在静止的大气中，每一处的气压都与该处上空的大气气柱的重量平衡。综上，大气压＝物体单位面积上所承受的大气气柱的重量。

表示大气压的方式有两种：用汞柱的高度表示与用通用的压力单位帕斯卡（Pa）。这两种不同表示方式的关系如下：

$$1 \text{ 毫米汞柱（mmHg）} = 133.32 \text{Pa}$$

我们举实例来证明这两种的关系，如在海平面的标准气压为

760mmHg，那么就等同于 101 325Pa。

除了物理通常的汞柱与帕斯卡这两个基本单位之外，在航空气象上还会使用毫巴和英制单位：磅/英寸² (psi)。

毫巴与帕斯卡的关系：1 毫巴 = 100Pa；

英制单位与帕斯卡的关系：1psi = 6 894.4Pa。

综上所述，我们用上述单位表示的标准气压为 1 013.25 毫巴或者 14.7psi。根据上文所述，大气压力会随着高度的变化而改变，以呈线性下降为主，现代航空器始终按照大气压力的相关原理来确定实际飞行的高度。

2. 空气密度

空气密度定义为单位体积内的空气质量。根据相关物理原理，可知气体的温度与压力及气体的密度有关，且这三者之间的关系可由气态方程式来决定。由此可见，获悉了大气的压力和温度，我们也就可以确定空气的密度了。正因为大气的压力与温度的变化及高度的变化有所关联，高度越高，自然空气压力越低、空气温度也会降低。

除此之外，空气密度也与高度有一定的关联，其关系为高度越高，空气密度就越低。如果我们对比空气密度、空气压力与空气温度，就会发现都是与高度的变化密切相关，而且变化的幅度比压力、温度都要大。

空气密度其实与人口密度相似，正如人口密度越大，单位体积内人口的数量就会越多，空气的密度越大，单位体积内空气分子的数量就越多，反之，密度越小，单位体积内空气分子的数量就会越少。

3. 大气温度

简单理解大气温度，它就是大气层内空气的温度。大气气温可以用来显示空气分子受热的整个过程。

根据著名的布朗运动理论，大气中气体的温度越高，空气分子不规则运动的速度就会越快，则分子的平均动能就会增大，反之，如果大气中气体的温度越低，空气分子不规则运动的速度就会减慢，则分子的平均动能就会降低。

我国常用℃，也就是我们口中常说的摄氏温度来表示大气的温度，部分国家与地区会用华氏温度来表示大气温度，即 F。为了更精准地测量地球各个地区的大气温度，相关科学家将其两者的换算关系归纳如下：

$$F = \frac{9}{5}℃ + 32$$

在航空器主要活动的大气区域，大气的温度会随着高度的增加而下降，通常每升高 1 000m，温度便会下降 6.5℃。一般到达同温层后，温度基本保持不变，在标准大气条件下，在 11 000~26 000m 的高度，空气温度均保持在-56.5℃。

4. 音速

音速的定义为声音在静止的空气中传播的速度。我们用米/秒（m/s）作为音速的衡量单位。影响音速大小的因素有大气温度与大气密度。音速与这两者的具体关系：大气温度越高，音速就会越大，反之，大气温度越低，音速就会越小；大气密度越高，音速就会越大，反之，大气密度越低，音速就会越小。由此可见，在飞行活动的常见大气区域（对流层）内，高度的增加会带来音速的降低。但是，在平流层中，音速的变化幅度很小，基本保持不变，因为此层的温度比较稳定，不会发生大的变化，故而空气密度的变化也不大，从而对音速产生的影响也小。

（三）温度、密度、压力与高度的关系

1. 温度

地球的引力给自身带来了保护层，即大气层。根据大气层中不同高度的基本特点，我们可以把大气层细分为对流层、平流层、中间层以及电离层。

这四层结构中，对流层与平流层是航空平行更为关注的大气层范围，由于飞机常在低于 35km 的空中飞行，在这个范围内温度的变化对飞行活动非常重要。下面我们来具体分析不同的高度对温度产生的影响。

（1）对流层的温度规律

对流层位于大气的最低层，它的下界与地球表面相接，而它上界的高度会根据不同区域的纬度以及季节更换而发生改变。

对流层在不同纬度地区的高度分布规律如下：高纬度地区的高度最高，在低纬度地区平均高度为 17~18km，而在中纬度地区的平均高度为10~12km，极地地区的平均高度为 8~9km。11km 以下的温度变化规律为每升高 1km，温度随之下降 6.5℃。

（2）平流层的温度规律

平流层是地球大气层里上热下冷的一层。平流层在大气层的大致范围为从对流层向上 35~40km。平流层的温度规律就是温度基本不变化，始终维持在-56.5℃，换言之，平流层内部的空气温度不会跟随高度的增加而

变化。

平流层内部有一个特殊物质的存在——臭氧，它所在的位置为55km左右的高度。臭氧具有吸收太阳紫外线的功能，能够保护地球内部所有生物的生存活动，同时臭氧还可以促使地表不受阳光中强烈的紫外线致命的"袭击"，而正因臭氧有吸收太阳辐射的功能，所以臭氧所在位置的气温会伴随高度的增加而上升。

（3）中间层的温度规律

中间层是在对流层与平流层之上的大气区域，它的范围为平流层向上80~100km的高度。中间层的温度规律与对流层、平流层的温度变化截然不同，它是先上升后下降，呈现曲线的温度变化。

（4）电离层的温度规律

虽然民用航空器不会出现在该层，但是电离层依旧是需要我们去了解的重要大气范围。电离层的位置大概在中间层向上大约800km的高度，它的温度规律与对流层正相反，范围内的空气温度会伴随高度的增加而逐渐升高，并且温度比对流层、平流层、中间层的温度要高。

2. 密度

温度会根据大气高度的增减而发生各种变化，但地球之所以存在一层外围外层空气，是因为地球有引力的存在，而引力把空气吸引到周围。所以，随着高度的增加，地球对空气的引力将逐步下降，换言之，随着高度的增加，空气也会随之稀薄。

正因为空气密度是单位体积内空气的实际质量，那么它也会随着高度的增加而不断减小。

3. 压力

通过上文所述，我们已知大气压力是物体单位面积上所承受的大气柱的重量。而大气压力与高度之间关系与大气温度类似，即随着高度的增加，单位面积上所承受的大气柱的重量逐渐降低，简言之，大气的气压随着高度的升高而降低。

综上所述，温度、密度、压力都会随着高度的变化而发生改变，从而对飞行产生极大的影响。如果飞行的高度过高，那么空气密度就会变得更小，氧气含量迅速下降，那么飞行发动机的效率就会变差，不仅影响飞行的速度，而且还会消耗更多的燃料，飞行成本自然有所增加。上述仅是从高度影响密度，从而对飞机效率与成本产生的影响。而高度与压力之间的关系与飞行安全密切相关，一旦飞行的高度超出范围，那么空气压力便会迅速减小，导致飞机结构、机载设备出现问题，会对飞机内部的工作人员与乘客产生致命的"威胁"。

（四）国际标准大气和飞行高度的确定

1. 国际标准大气的规定

大气的各种物理参数随着地理位置、地形、季节的不同而不同，因此航空器的飞行性能在不同的地点、季节、高度有不同的表现，这使得航空器的制造和使用在不同的条件下有不同的结果，给使用者带来麻烦，因此必须有一个统一的标准在世界范围内统一比较、计算。

通过上文对大气层的一些论述，我们已经了解了大气内部各种物理参数的概念以及会对飞行产生的影响。由于大气内部的各项物理参数会根据地域环境的差异以及四季交替而呈现不同的特征，航空器在不同的地区、不同的季节以及不同的高度都会呈现不一样的飞行性能。在这种客观条件的限制下，现代航空器的制造表与使用标准也无法得到统一，因此我们必须依照专业领域的最新研究数据来确定一个规定来统一测量大气的各种物理参数的基本指标，以便科学家的比较、计算和分析。

国际标准大气规定也是有一定前提的，即以北半球中纬度地区的大气物理性质的平均值作为基础。

符合理想气体方程：

$$R = \frac{P_0}{\rho T}$$

这个理想公式建立在两个基本假设上，这两个假设为分子没有体积；分子间没有引力。方程中，P_0 代表气压；ρ 代表空气密度；T 代表气体的绝对温度；R 代表气体常数。

而海平面与大陆板块不同，它的高度为零，所以海平面的空气的标准与大陆的有所区别，其具体的空气标准如下：

气压：$P_0 = 10.13\text{N/cm}^2$；

气温：$t_0 = 15℃$；

密度：$\rho_0 = 1.225\text{kg/cm}^3$。

2. 飞行高度的确定

飞机的高度表以气压的数据为参考依据，因此在飞行过程中，需要根据实际的飞行阶段来运用不同的气压标准，从而精准地确定飞行高度。

（1）场压高度

飞机起飞前都会机场停留，而机场当地的海拔高度的气压高度为零，也就是说飞机高度表上显示出来的高度正是机场上空的相对高度距离，这个高度距离就是场压高度。

运用场压高度的目的在于，无论是飞机起飞还是飞机降落，飞机的机长都需要实时确认飞机与当地机场之间的相对高度，为了确保机上高度表所显示出来的与机场地面以及与地面上存在的障碍物之间的实际距离没有误差，从而保证起飞与降落过程的安全性。可见，场压高度对于飞机活动而言相当重要。因此，在起飞、降落前，飞机的机长需要根据飞行目的地的当地实际气压数据来归零。

（2）海平面气压高度

海平面气压高度就是测量基面为海平面，并且此时此地在飞机高度表上所显示出来的飞行高度，即目前飞行所在的海拔高度。

运用海平面气压高度的原因是飞机在飞行过程中不是一直以直线飞行前进的，它需要不停地爬升与下降，一方面是为了及时调整飞行方向，另一方面是为了克服天气带来的影响。此时通过高度表上展现出来的高度，可以帮助我们确定目前飞行与下面地形之间的高度距离，这就是海平面气压高度对飞行活动的意义所在。

（3）标准气压高度

标准气压高度是飞机飞行过程中常见使用的高度气压标准。它是以国际标准大气为测量的基准面，从而获得的高度数据，被称作标准气压高度。

标准气压高度的运用范围比场压高度、海平面气压高度都要广泛一些。一般飞机在正常运行时，都会使用标准气压高度来测量数据。这是因为每天都有不同的航空器飞过同一片领域，如果因为使用气压标准的不同而导致不同航空器的高度基准不同，那么可能会出现垂直间隔不够的状况。因此，需要在空中活动的航空器都有一个统一的气压高度标准，以辅助飞机顺利完成飞行任务。

二、影响飞行活动的天气因素

自从 20 世纪初，莱特兄弟完成了人类历史上的壮举——首先完成机械动力的飞行，到现在，飞机作为人类重要运输工作已经问世 100 多年了。随着技术水平的不断进步，飞机的各项性能和安全性都得到了很大程度的改善，但是无法预知客观条件依旧束缚着飞行活动，如在未知高空发生的各种恶劣的天气气象，这些人类无法改变的因素依旧严重威胁着当下航空器的飞机安全。

其实，所有存在于地球上的天气现象都会对飞机的飞行活动产生负面影响，但是对飞行影响最大的因素无非七大类：风、云、能见度、降水、温度、大气压力和空气密度等。其中，第七类还包括了飞机结冰、乱流、雷暴、颠簸、风切变、浓雾所引起的低能见度等及其恶劣的天气现象。下面我们就将具体论述这些天气因素对航空器飞行活动的影响。

（一）风

风是一种常见的气象，它是由于地球的时时运动，大气层的温度以及压力的不同，促使空气在不同方向上对流而形成的。

风向与风速是直接影响飞行活动的两大要素。由于空气不规则的流动方向会使飞机无法保持相对稳定的前行速度和最短的飞行路线，而实时变化空气流动速度则会影响飞机提高速度的时间。由于空速与飞机升力息息相关，飞机的驾驶员需要时时关注风对飞机的影响。一般来说，飞机在高速飞行时不会受到太多风速的影响，反而是低速飞机会更多受到风速的影响。因此，驾驶员需要控制好起飞与降落的速度，尽可能保持低速飞行，将风对速度的影响考虑在内，把飞行安全放在第一位。

（1）侧风对飞行活动的影响

侧风现象是在飞行活动中比较常见的气象。一旦出现侧风气象，驾驶员需要完成随时控速的任务，它需要驾驶员及时关注侧风会带动机身跑偏，导致飞机的飞行航迹偏离跑道中心线。为了避免这种现象的出现，驾驶员需要及时调整飞机的航向迎向侧风一定的角度，以确保飞机的航迹严格按照跑道而前进。如果飞行当天的侧风风速大到一定程度，就要禁止飞机起飞与降落。但是，侧风也可对飞行活动产生有利的影响，如在巡航时，顺风航行可带动飞机的机速上升，从而减少飞行的时间，减少燃油的消耗，所以在实际飞行过程中，驾驶员都会努力让飞机在有利的风向高度上飞行。

（2）主流风向对飞行活动的影响

风主要来自大气运动。环绕地球的大气层的运动方向有如下三种：

第一种，在太阳辐射的影响下，地球赤道与两极之间形成巨大温差，于是，低空冷空气的运动方向便是从两极流向赤道，与此同时，高空空气则呈反方向运动，从赤道流向两极。

第二种，在地球自传的影响下，地球产生可对运动空气的附加力，在这种附加力的作用下，空气运动方向呈现多样化。

第三种，不同地理位置下的空气压力有所不同，从而形成了一定的压力梯度，压力梯度可用等压线在图中表示，空气运动的大致方向为从高压区流向低压区，如果在这些正常的空气流动中出现了以高压、低压为运动中心的转动空气，气旋便产生于此。

如上这三种空气的运动促使地球出现了三种循环区，这三个区域的地理位置具体如下：

第一个区域的位置为从赤道到南、北纬30°，其中，从0°至北纬30°盛行东北信风，而东南信风则出现在0°至南纬30°。

第二个区域的位置是南北纬30°~60°，无论是在北纬30°~60°还是在南纬30°~60°，都会在区域内形成西风主风带，在这种风带的影响下，地域会在相应季节出现台风、暴风雨等恶劣天气。

第三个区域的位置是在纬度60°以上地区，极地寒冷的温度使空气气团呈下沉方向，最终形成高压区，此处的风向是从极点向外流动。由于这种风向与四季交替无关，常年相对稳定的风向决定了世界不同地区的主要风向。而主风向正是不同地区决定机场跑道方向的重要因素。可见，风向对飞机飞行活动的影响很大。

（3）锋面运动对飞机飞行活动的影响

除了上文所述的侧风与不同地区的主风向对飞行活动的影响外，我们还需要分析整体气团对飞行活动的影响。一般在中等范围内，空气运动是由相同温度、湿度的空气形成的整体气团的一种运动。不同纬度的生成的气团性质不同，从而对温度与气压的变化也不同。寒冷且潮湿的气团来自极地海洋，寒冷且干燥的气团来自极地大陆，炎热且湿润的气团来自热带海洋，炎热且干燥的气团来自热带大陆。可见，热气团与冷气团是交替出现的，而冷气团与热气团相交的区域会形成一个独特的交界面——锋面，暖锋与冷锋共同构成锋面，暖锋形成于热气团进入冷气团，冷锋形成于冷气团进入热气团。

暖锋、冷锋的运动不仅为地区带来了大风天气，而且还使当地的气温与气压发生改变。气温与气压的变化便会对飞行活动产生重大影响。热空气与冷空气在相向的运动中相遇，开始向上移动，从而形成一个倾斜向上的界面，此界面可向上延伸数百千米。界面内的热空气中存在大量的水分，水分在遇到冷空气后会凝结，于是雾区、雨区便出现在此暖锋所在区域的上空。如果此时需要目视飞行的飞机路过，那么驾驶者一定要迅速反应，尽可能地避开暖锋，仪表飞行的飞机路过暖锋区域也要注意，尽量绕开暖锋形成的强降雨区。

冷锋与暖锋不同，它来自冷空气的迅速移动。因为冷空气比热空气移动的速度要快，所以冷锋经过的区域会有大风天气。与此同时，冷锋内存在热空气会向上移动，从而为该区域带来雷雨天气。当飞机路过该区域时，容易遇上对流，出现颠簸。但冷锋的持续时间通常比较短，驾驶员只要稍加注意，就能避开冷锋对飞机活动产生的影响。

（二）云

云是大气中的水汽凝聚成，漂浮在空中的一种可见聚合物。云的形式多样，类别详细。如果按照形状划分，可分为积云与层云。如果按照高度划分，可分为低云、中云、高云和垂直延伸云。其中，低云的距离为从地面算起2 000m，中云的距离为从地面算起2 000～7 000m，而高云距离则为从地面算起7 000m 以上，垂直延伸云的距离则为从地面算起300m 一直延伸到平流层底部。

在上述这些不同形态的云中，积云对飞行活动的影响最大。积云的基本形态为从底部径直向上延伸，通常在底部与周围都存在着强大的气流，不稳定的气流会导致区域内飞行的飞机机身来回晃动，但积云上面的气流相对稳定，不会产生气流。积云内水蒸气的含量也较高，因此积云常给区域带来雨水，反观层云就不含雨，气流也很少出现在层云内。云对飞行活动的主要影响具体如下：

①云底高度很低的云会直接影响飞机的起飞与降落；

②如果云层内部的能见度低，那么目视飞行会很艰难；

③如果云中含水且温度过低，则会使飞机积冰；

④如果云中出现湍流，那么飞机的机身会出现晃动；

⑤如果云层亮的亮度不稳定、明暗不均，那么云会对飞行员的视觉产生干扰，而且明暗不均的云会带来雷电，导致飞机机身损害等。

（三）能见度

能见度指的是观察者不仅在白天可以精准辨认事物，而且在夜间能正确辨认灯光的距离，我们将其称为有效能见度。能见度的基本单位为千米或是米。在飞行领域，能见度为无论白天还是黑夜均能辨别物体与灯光距离的空中能见度。

空中能见度又可细分为三类：水平能见度、垂直能见度和斜视能见度。而且空中能见度还可以表示在相同高度内平行飞行的机身之间的能见距离。由此可见，能见度对目视飞行的飞机来说是确认是否可以飞行的重要参考依据，与此同时，能见度对仪表飞行的飞机来说，影响力不如对目视飞行的飞机大，尽管在高空可用高端的监测仪器，如仪表、雷达等来判定航行的方向，但是仪表飞行的多少还是会受到能见度对视线的限制。与地面的能见度不同，空中能见度无法以地面标注作为参照物，故而能见度将成为空中的主观坐标，可见，空中能见度对飞行的方向相当重要。通常，我们所指的能见度就是地面的能见度，主要指的是飞机在起飞、降落前可看到的机场跑道的距离。

天气因素对能见度的影响最大，尤其是弥漫在空中的雾、烟，一旦在空中大面积出现烟、雾，那么飞机可飞行的概率就会降到最低。除此之外，常见的风、雨、雪也会对能见度产生不小的影响，影响驾驶员正确判断飞行的方向与距离。

（四）降水

降水气象也是影响飞行活动的重要天气之一，常见的雨、雪，以及恶劣的冰雹都属于天空的降水现象。出现上述不同降水现象的原因源于上空云层的垂直温度和地面温度分布的不同。如果天降大雨，此时上空的温度一般偏高，而下层的温度也不低，如此形成的水滴倾斜到地面，这就是雨的由来。如果天降大雪，那么此时下层的温度比较低或是地域表面的温度比较低，那么水滴就可能冻结成冰。如果此时地面的温度不高，那么冰就可能化为雪，当温度高到一定程度便可以把冰全部融化，故而形成降雨。如果从高空降下的是雨，且上下气流的温差过大，使气流向上运动把结冰带向上方，再遇冷的水汽使冰粒的体积增大，此时再降下来就不再是水而是冰雹。降水对飞行的影响也很大，具体如下：

①能见度会随着大气中降水现象的出现而降低。

②过冷却水滴极易造成飞机机身出现积冰现象。

③降水气象可能会产生碎雨云，从而影响飞机正常的起飞与降落。

④如果降水气象为飞机所在地的区域带来了滂沱大雨，那么大雨的下方有可能出现较强的下降气流，从而影响飞机航行时的稳定性。

⑤如果降水现象的降水量过大，那么飞机的发动机有可能会熄火。

⑥降水使地面湿滑，可能会影响机场跑道的正常使用。

（五）温度

通过上文的相关陈述，我们可知空气的密度与飞机举升力息息相关。其实，飞机举升力与空气密度的关系为正相关。因此如果空气的温度过高，那么引擎的效率也会降低。而空气的温度又与空气密度、大气压力相关。如果在一定压力的客观条件下，此时空气的温度比正常温度略高，那么飞机的起飞就要求有一定的速度，不能太慢，而飞机的起飞速度又决定了跑道的长度，有时会出现跑道不能满足飞机起飞时的初始速度，那么此时需要飞机减少自身的载重。反之，如果空气的温度较低，那么引擎的效率自然就高，飞机的起飞速度和跑道的长度的要求就没那么严格。

综上，如果空中的温度比正常温度要高，那么飞机需要更多的动力支持以提高引擎的效率，从而保证飞机拥有与正常天气无异的巡航动力。因此，在制订飞机的航行计划时，需要把高空温度数据考虑在内，以此来判断飞行全过程到底需要多少燃料。

（六）大气压力和空气密度

空气密度直接决定了飞机的实际举升力。假设其他大气层的物理参数处于相同的客观条件下，如果空气的密度降低，那么维持飞行的高度就成为驾驶员需要注意的重点，此时应该加速。当飞机的飞行速度越来越快时，飞机的拖曳力也会越来越大，那么飞机的引擎就需要提供更多的推进力，但是引擎的效率又与飞行燃料的量相关，一旦引擎为高速度提供更为强劲的推进力，那么消耗油料的量就会增多。这也是为什么喷射飞机需要非常多的油料来维持飞行。

如果空气中的温度过高，当大气压力开始下降，空气密度随之减小时，飞机引擎的效率自然降低，为了保证飞机的起飞速度到达天气因素限制下的速度要求，不仅需要更多的燃料，而且需要距离更长的助飞跑道。

因此，我们需要去观察天气图气压场的具体分布，了解在不同地区气压会有所不同，而这些不同会对我们的飞行活动会产生哪些实质性的影响？一般来说，低压区对飞行油料、助飞跑道距离的要求比较多，在制定具体的飞行计划时，必须把气压作为重要的影响因素放入其中。

例如，在我国西部地区，机场所在海拔高，大气压力自然小，空气密度也小，因此机场的跑道比一般的跑道要长。这样一来，就可以避免出现飞机爬升动力不足的情况。如果空气的密度降低到一定程度，长跑道也无法满足飞机速度的要求，就需要把飞机上额外的承载物卸下，尽最大可能地减轻飞机实际的承载量，以实现飞机的顺利起飞与上升。

（七）其他危险天气

1. 飞机结冰

飞机结冰对于飞行活动来说极为不利，它可能会造成机身不稳、内部设备失控等多种威胁飞机上所有乘务安全的问题。飞机结冰产生的原因：飞机在飞过温度较低或是冷却的云层区域时，受到冷空气的影响，飞机的机翼、机尾、螺旋桨甚至是机身的其他部位会凝聚上厚厚的冰晶。

飞行机身出现结冰现象与飞行的高度、飞行时的空气温度和飞经的云层或是云雨区域相关。在空气温度方面，当飞行高空的实时温度在 0~9.4℃，那么机身上就极易结冰。在飞经云层方面，飞机经过冷气团时，如果有过冷却的水滴顺势附着在机身上，那么短短几秒就会让在机身上附上厚厚的结冰层。过冷却水滴产生于各种积状云，当云层内的水滴在降落过程中未能在冰点的影响下凝固成冰，仍然保持液态的基本形态，这就是促使飞机结冰的过冷却水滴。与此同时，飞经高空时的空气湿度也可能导致飞机结冰，一旦空气湿度过大，那么过冷却水便会大量存在于空气中，从而造成水蒸气升华，此时飞机经过，空气会产生运动，随之使水滴积聚成冰，影响飞机活动。

在上述这些因素的影响下，飞机的机身可能出现结冰。飞机结冰对飞行活动产生的影响具体如下：

①机身上结成的厚厚冰层会加重机身的质量，直接降低了空气动力的效能；

②如果结冰导致飞机的机翼机尾被冰层笼罩，那么飞机外形的基本流线就会被破坏，从而降低飞机的抬升力；

③若飞机上的螺旋桨上出现结冰，那么飞机外形同样会发生改变，致使飞机的发动力不足；

④如果飞机操纵面煞车及起落架上出现结冰，那么飞机的飞行动作会受到影响，导致机身不稳；

⑤倘若螺旋桨的桨叶出现结冰且薄厚不一，那么机身可能失去平衡，出现机身摇摆现象；

⑥如果结冰影响了飞机内部的结构，如动压管结冰，那么飞行的实时速度与高度表读数都会失去准确性；

⑦如果飞机上的天线结冰，使无线电、雷达的信号失灵，影响飞行的方向。

即便当代飞机都已具备加温系统，可以有效缓解飞机结冰对飞行活动产生的影响，但仍不能从根本上解决飞机结冰问题，因此飞机在飞行活动中还是要注意避开结冰区域，避免飞机加温不及时而导致的瞬间结冰现象。

2. 乱流

乱流现象也是高空中空气运动对飞行活动产生的重要威胁之一。当飞机经过积云、积雨云和层积云等这类对流性云区时，空气会产生上、下对流的垂直方向运动，导致机身不稳定，使飞机上的乘客出现晕机现象，更厉害的可致使飞机的结构受损，无形间增加了飞机失事的概率。现代飞机为了避免乱流现象对飞机结构带来的影响，而设计、装置了先进的雷达，但是仍无法全面避开乱流。

乱流现象最可怕的地方在于它的危害极大却无法精准预知，如晴空乱流。晴空乱流指的是飞机原飞行在万里无云的高空上，机身突然出现颠簸。一般来说，晴空乱流常发生在风向突然转变或风速突然变化的区域，这个区域就是风切变作用最大的区域。飞经此地区时需要格外小心。

有一种特殊的气流也可形成乱流，而且比其他形式的乱流对飞行的危害更大。在寒冷的冬天，地球中、高纬度地区，距地面高度 9~12km 的区域内有一股强风带，风速为 30m/s 以上，最大风速甚至可达到 100~130m/s，这就是对飞行活动影响极大的喷射气流。根据历史记载，第二次世界大战末期，美军飞机飞行到日本上空、德国空军侦察机飞到地中海上空的时候，都遭遇过一股顶头的强风，导致飞机无法前进。在科学家的研究下，发现当时影响飞机飞行的可能是喷射气流。早期发现喷射气流时，发现风带距离地面高度为 10km，可见喷射气流的变化非常大。喷射气流是形成乱流的重要因素。因为喷射气流周围的风切很大，极易形成乱流。

驾驶员在飞行前一定要从专业航空气象人员处及时获取气象图表数据，从而顺利预知喷射气流和乱流所在的位置与高度，尽量调整飞行路线、飞行高度，避开乱流区域，以保证飞行安全。

3. 雷暴

雷暴的形成也与空气温度有关，它多出现在空气上下气流具有一定温差且空气中有大量水汽时。通常，雷暴的原形为积云，而后形成雨滴下降，此时雨滴会与上升的热气流相遇，激烈碰撞后产生雷电。众多威胁飞行安全的气象都产自雷暴云，如湍流、积冰、雷击、雷雨、大风，甚至可能出现冰雹、龙卷风、下冲气流和低空风切。一旦飞机误入雷暴活动频繁的区域，不仅可能造成机身的内外损伤，而且极易引发飞机失事。

4. 颠簸

颠簸是日常飞行活动中比较常见且危害程度较轻的一种现象。它具体指的是在空气中存在着不稳定气流的上下方向运动，这种不稳定气流会造成飞机颠簸。若飞机出现颠簸，那么飞机的机身会上下晃动不定，致使飞机的乘务人员感觉自己被抛上抛下。

颠簸对飞机活动的影响不仅带给乘务人员不舒服的感觉，容易出现恶心呕吐等生理现象，而且还可能增加驾驶员操纵飞机的难度，甚至是破坏飞机的内外结构，从而威胁机上人员的安全。

5. 风切变

风切变是一种比较特殊的气象，具体指的是风速在水平方向与垂直方向出现的瞬间剧变。我们都知道速度是矢量，不仅有大小，也有方向。风切变就包括了几个方向大小不同的切变：水平风的垂直切变，水平风的水平切变和垂直风的切变。在众多形态的风切变中，低空风切变对飞机起飞与降落产生的威胁最大。

风切变的特殊性质与特征促使它与其他气象对飞行产生的危害有所不同。例如，微下冲气流是以垂直风切变为主要特征的综合风切变区。它的危险性在于水平方向垂直运动的气流具有较大的速度梯度，即垂直运动的风速会出现瞬间的加速，导致极强的下降气流出现，这个强烈的下降气流的活动区域有限，并且在活动途中与地面发生撞击后，会迅速转向与地面保持平行，从而变身为水平风，风向以撞击点为圆心四面发散，于是强烈的下沉气流又在较大的范围区域内形成了水平风切变。一旦飞机飞经此区域，飞机失事的概率急速上升。当飞机下降时，下滑的通道不幸经过微下冲气流，此时飞机会失去正常的方向与速度，偏离原有的下滑轨迹，从而导致着落失败。一旦飞机冲出微下冲气流后，但又恰巧进入顺风气流的活动区域，那么飞机与气流的相对速度会瞬间降低，正因为飞机在着陆时处于不断减速的阶段，突然的减速极易导致飞机失速，致使飞行姿态不可控，而在如此低的高度和速度下，驾驶员不可能完成对速度与方向的精准把控，从而出现飞行事故。

由风切变引发的飞行事故多发生于距地面 300m 以下的起飞与着陆的阶段。从风切变对飞行的影响可延伸到飞机能量的管理问题。倘若遇到风切变时，飞机具有足够的机动能量可以在极短时间内完成加速，那么就足以克服风切变。如果飞行的机动能量余量不足且飞行的高度不够，飞机就无法应对突出起来的风切变，最终的结果只能是坠机。反之，如果飞机机动能量余量充足且具有一定可缓冲的飞行高度，就不会出现坠机的惨剧。

之所以说风切变对飞行的影响很大，是因为风切变特点为时间短、尺度小、强度大，这也就给飞行带来了探测难、预报难、航管难等众多问题。当下我们只能尽可能回避风切变。因为部分强风切变是现有飞机的性能所不能抗拒的，我们只能通过飞行员理论培训、飞行操作程序设置，在机场安装风切变探测和报警系统以及机载风切变探测、告警、回避系统等方式来减轻风切变对飞行的危害。

6. 浓雾

浓雾从本质上来说，就是靠近地面的一种云。浓雾的出现有三大基本条件：空气中的湿度够大；空气温度降低；空气中存在大量微粒。浓雾对飞行最大的危害在于致使空中能见度降低，甚至导致能见度变为零。

浓雾的出现会减弱飞机驾驶员的视力，在低能见度的恶劣情形下，驾驶员无法看清飞机起飞和降落时的跑道，极易发生事故。为了避免浓雾对飞行的影响，当今机场与现代飞机上都设置了相对完善的仪器系统，飞机起降过程可借助专业仪器来完成，与此同时，航空气象单位也会向驾驶员提供浓雾所引起的低能见度的实时数据。如果起飞前能见度低于起降天气的标准，那么飞机将不能起飞，机场也会随之关闭，待到浓雾消散，能见度上升，机场才会再度开放，飞机才可正常起降。

第二节　航空器的空中交通管理

航空器的空中交通管理既包括了空中交通管理的理论基础，也包括了空中交通服务的具体内容。两者共同构成当下航空领域的空中交通管理理念，为了更好地满足目前航空活动的高需求，空中交通管理可安全、有序地促使航空活动顺利开展，同时形成专业的航空管理体系。

一、空中交通管理概念论述

通过研究分析空中交通管理的发展历程，我们可了解空中交通管理对飞行活动的积极作用，以及现代技术对空中交通管理的正面影响，从而更好地理解空中交通管理的重要性。

（一）空中交通管理的发展阶段

1. 航空活动的起步

从第一架机械飞行诞生到飞机在军事领域的运用的起步阶段，飞机的数量较少，此时还没有空中交通的概念。随着全球经济的发展，商业活动开始增多，飞机也逐步应用于商业运输领域。于是，航空活动所涉及的人员日益增加，涉猎的范围也日益广阔。飞行活动也需要严格的规整制度来组织监督。

在 20 世纪 30 年代之前，飞行的实际飞行距离较短，通常只有几百千米，因此飞行的条件多为白天或是天气状况良好的时候。于是，目视飞行规则便应运而生，它是以完全看见和可以看见为基础而制定的。

而到了 20 世纪 30 年代末期，在技术水平的引领下，飞机的飞行性能得以提高，各种无线通信设备开始大规模在飞机上使用，地面导航设备在机场设置安装，驾驶员的飞行范围开始扩大，当时驾驶员已经可以在看不到地标和看清其他飞机的情形下进行飞行活动。于是，机场开始变得繁忙，飞机的活动量急速增加，此时就需要有一个管理人员，这就是我们现在常说的空中交通管制员，即管制员，来保证空中交通要以安全、有序为标准来正常运行。起初，管制员仅用旗帜指挥飞机的起飞与降落，但是旗帜指挥会受太多客观环境的影响，如天气、夜晚的影响。因此，旗帜很快就被信号灯所代替，此时的信号灯多设置在机场最高位置的塔台上。直到 1934 年，机场第一次安装了专业的无线电收发机，部分大型飞机上也安装了当时先进的通信设备，于是管制员可借助无线电与飞行驾驶员进行通话，及时传送信息，以确保飞机航行的安全。

2. 航空活动的发展

20 世纪 30 年代末期，欧美国家还诞生了载客量在 20 人以上、飞行速度可达到 300km/h 的大型飞机，机上也安装了无线电通信与导航设备，这样驾驶员就不必在完全看到地面的情况下才能起飞，而是与管制员确认好地面信息之后就确定飞行的状态。在飞机机身目视飞行规则已经很难满足需要飞行的需要。因此，积极发展航空活动领域的国家开始设置专业的空中交通主管机构，重新制定了使用仪表进行安全飞行的具体规则，而且还在沿航路区域内设置了航路交通管制中心。上述新成立的管制单位的具体任务就是从不同航站实时接收发来的各种飞行计划，同时，及时核实驾驶员所在飞机的飞行位置，并做成报告准确填写在飞行进程单中，之后工作人员需要细致确定同在飞行活动中的不同飞机之间的相互位置，从而发布飞行指令、实施飞行管理，这种具有一定的程序的管制方法就是程序管制。除此之外，注重航空活动的国家都各自在设置了覆盖全国的航路网络和与之相对应的航站、塔台、管制中心或航路管制中心。于是航空活动发展在这个阶段的重要成果之一就是形成了以程序管制为核心的空中交通管制。

3. 飞速发展的航空活动

航空活动的进步离不开社会背景的变动。第二次世界大战虽然给人类社会带来了不可磨灭的伤痛。但同时也给航空技术的迅猛发展带来了契机。在这个时期，飞机活动的范围进一步扩大，对飞行要求也在增加，如飞机的航程在不断增长、飞机的载重也在增加、飞行的速度大幅度提高等。在这种发展趋势的驱动下，世界需要一个专业的管理组织可以把各国的航空法规都统一汇总在共同的标准之中。于是，国际民航组织便在1945年得以成立。该时期在空中交通管理领域有两大重要的进展，具体如下：

（1）雷达技术的全面运用

在20世纪中期，原多用于军事领域的雷达技术开始大面积出现在空中交通管制领域，而且还逐步发展为二次雷达系统。先进的雷达系统进一步提高了管理的可操性，在雷达技术的支持下，管制员的电子屏幕上会显示各种信息，如飞机的编号、高度、速度等重要的飞行参数。与此同时，陆空通话系统的产生与发展，带动部分地区不再使用系统的程序管制，而选择雷达管制。当前，雷达技术的运用领域已经相当完善，其覆盖面也在逐渐扩大，雷达管制早已成为空中交通管理的重要手段之一。但是，由于雷达设备的成本较高，在不发达的国家仍未全面启动雷达管制，而仍主要采用程序管制。

（2）仪表着陆系统的出现

该时期第二大进展便是仪表着陆系统的出现与运用。仪表着陆系统的优势在于它可以使用无线电信号来积极引导飞机在能见度很低的情况下得以安全着陆，可以说仪表着陆系统直接提高了飞机着落的安全性，而且仪表着陆系统还带动飞行进一步摆脱恶劣天气对飞行活动的约束与限制。

4. 现代化的航空活动

从20世纪末期至今，空中交通管理开始进入完善阶段。随着电子技术的不断发展，计算机在机载设备和空管地面设施上开始大范围应用。当前，世界各大航路的流量日益增加，无论是机场还是航路都出现了拥挤现象。要充分利用航路，就要求实时地对整个地面航空网络系统进行全方位管理，卫星通信和定位技术的成熟，使得驾驶员、管制员和各种支援单位、决策机构可以实时地了解飞机的准确位置并进行通信，从而带动空中交通管理范围不断扩展。

到了20世纪80年代，空中交通管理的综合概念开始出现，并顺利取代了空中交通管制对飞行过程的监控与管理。虽然，空中交通管理与空中交通管制仅有一字之差，但这两者所代表的程度与表示范围和深度都不同。传统的空中交通管制的根本目的在于确保某一次航班从起飞机场经航路到达目的地机场这段时间的安全性，而现代空中交通管理却是从整个的角度来保证整个航行网上空中交通的通畅、安全有效的正常运行。于是，以往的空中交通管制就成为空中交通管理的重要组成部分。

卫星技术与计算机网络技术在空中交通管理领域的引入，一个可实时处理的自动信息交换系统成为空中交通管理系统与正在进行航空活动的飞机之间沟通互动的桥梁。20世纪末期，在先进电子信息技术的推动下，国际民航组织开展了大规模多领域的航行系统的分析研究，并且开始为航行系统做初步的规划，空中交通管理系统有望在21世纪的中期发生质的变化。

（二）空中交通管理的任务和组成

现代空中交通管理的基本任务为使飞机可按照飞行计划预定的时间、地点起飞与降落，从而对整个空中交通做调动、调配。空中交通服务（Air Traffic Serrice，ATS）、空域管理（Air Space Manag Ment，ASM）与空中交通流量管理是构成空中交通管理的三个基本内容。

1. 空中交通服务

空中交通服务包括空中交通管制服务、飞行情报服务和告警服务。为飞机客机提供空中交通管制服务，可避免民用航空器之间，或航空器与其他障碍物体之间形成冲撞，维持空中交通有序性。为正在航行的飞机提供飞行情报服务，可为飞行安全有序地起飞、航行、降落提供精准、合理的情报与建议。告警服务出现的机率比较小，一般用于民用航空器出现事故需要搜寻援救时，组织机构需要及时通知、调动相关部门，并要求相关部门搜寻援救活动给予协助。

2. 空域管理

空域管理的具体内容如下：

为维护国家安全，兼顾民用、军用航空的需要和公众利益，统一规划，合理、充分、有效地利用空域的管理工作。

3. 空中交通流量管理

空中交通流量管理的内容比较广泛，有助于空中交通安全、有序和快捷地流通，以确保最大程度地利用空中交通管制服务的容量，并符合有关空中交通服务当局公布的标准和容量而设置的专业管理服务。

二、空中交通服务

空中交通需要专业的管理与服务给予支持，通过综合统筹、有效协调、应急应对、信息反馈等基本内容对整个空中交通环境进行规划，保证整个空中交通运行过程的安全性与有序性。

空中交通自身的特殊属性使管理部门在向民用航空器提供信息服务时，有较为严格与特殊的要求。

第一，航空器在航行活动中不能中止或是在路程中无限期的延误。因为飞行活动是在高空中开展的，具有很强的未知性与技术性，无论是中止还是延误都会直接造成飞行成本的上升，甚至引发飞行事故。如果被迫中止，那么只能使航空器在规定地点安全着落。

第二，空中交通的发展程度与国家的社会发展水平相关。空中交通服务需要一个国家范围的机构大体按国际共用的准则提供服务。

（一）空中交通服务的目标

为空中交通服务设定详细的目标可以促使相关机构在整个飞行过程中为民用航空器提供更为优质的服务，空中交通服务的目标可分为如下五个方面。

1. 防止空中民用航空器相撞

服务机构需要考虑到空域的使用现状，在可利用的时间间隔内，及时发布正确的指令，合理安排高空的飞行环境，避免处于同一空域的民用航空器出现碰撞。

2. 保证民用航空器的正常起飞与降落

服务机构需要综合利用现代科技手段，如地面活动雷达等，根据检测到的实时信息，采取安全合理的有效措施，促使民用航空器可在相应时间内正常的起飞与降落。避免民用航空器与其他障碍物在起飞与降落，或其他区域内发生碰撞。

3. 实时监控飞行状态下的民用航空器

对空域内飞行的航空器进行切实有效的管理，准确地掌握飞行动态，确定航空器之间的相互关系，找出事关飞行冲突调配的主要航空器，利用合理的间隔标准，及时发布指令，实现加速空中交通流量，维持良好运行秩序的目的。

4. 提供实时有效的飞行信息

服务机构需要充分发挥自身优势及时检测、获取各种有效的飞行信息、建议、情报，并将上述信息及时传送给驾驶员，通过地面与空中的沟通互动，努力避开各种恶劣天气和各种限制性空域，促使民用航空器安全、有序地正常运行。

5. 及时调配相关部门

服务机构需要有一定的组织协调能力。当民用航空器遇到危险，或遭遇事故需要搜寻救援时，应该及时通知各大保障单位开展积极、有效的救援工作。

(二) 空中交通服务的组成

1. 空中交通管制服务 (Air Traffic Controll，ATC)

空中交通管制 (Air Traffic Controll，ATC) 服务分类为：区域管制服务、进出管制服务、机场管制服务。其中，区域管制服务是指航路的管制，进出管制服务是指在飞机起飞与降落的管制，机场管制服务是指机场内外的全方位控制。

2. 飞行情报服务 (Flight Information Serrice，FIS)

飞行情报服务在不同地区的提供机构有所不同。一般来说，飞行情报服务是由该区域内管理单位来完成的。但是，在部分区域，飞行情报服务是由专门成立的组织机构和机构内部专业的工作人员来完成的，原因是该区域的航行活动频繁，出现了飞行量大、飞行组成复杂等情况，不得不需要成立专门的组织来提供大量的情报服务。航站终端自动情报通播 (Automatic Terminal Information Service，ATIS) 是现阶段多数国家采用的情报提供方式。

除此之外，空中交通咨询服务 (Academic Technology Approval Scheme，ATAS) 也属于飞行情报服务。空中交通咨询服务的定义为在空中交通的咨询空域内，为按照仪表飞行规则飞行的民用航空器，提供的是一种间隔服务。空中交通咨询服务被业界视为一种临时性的过渡服务，为飞行情报服务到空中交通管制服务之间做好过渡。

3. 告警服务

遇到飞行事故时，航空器会向空中交通服务机构发出求救信号，此时需要机构迅速做出反应，向有关单位发出紧急通知，要求相关单位及时前往事故地区给予救援，同时服务机构也要对援助工作给予一定的协调与配合。告警服务（Alarm Service，AS）既不是孤立存在于服务系统中，也不属于某一个指定机构的专项业务。它是由当事的管制单位在民用航空器遇到紧急情况需要专业部分给予帮助时向航空器直接提供的一项服务。

（三）间隔标准

随着航空活动的日益发展，每天在同一空域飞行的民用航空器不在少数。因此，不同航空器之间需要保持一定的安全距离，以免危险接近或彼此碰撞，这也是空中交通服务的重要内容之一。促使不同航空器之间的间隔达到相应标准，不仅是空中交通管制的基础性工作内容，也是空中交通管制工作人员的重要工作任务。

1. 间隔标准的定义

不同的航空器每天都有不同的飞行任务，因此飞行的方向、速度、高度都不相同。此时，空中交通服务机构就需要制定出可在全球范围内通用的航空器飞行过程中彼此安全距离的具体规定。这个规定所确定的机身距离就是间隔标准。它具体指的是在空中交通管制过程中使航空器无论是在纵向还是侧向，甚至是垂直方向都隔开的最小距离。当前，各个国家的上空都非常"繁忙"，民用航空器的使用密度极高，可见，合理地制定和运用间隔标准对于航空活动极为重要。综上所述，空中交通服务机构在确保航空器安全有序地飞行之外，还需要将空中交通的便捷性考虑在内，尽可能满足空域使用者的经济效益。

2. 间隔标准的分类

间隔标准与空中交通管制相关，程序管制与雷达管制这两者管制所使用的间隔标准也是不同的。一般来说，间隔标准可分为两类：垂直间隔与水平间隔。

（四）飞行的具体规则

地方交通有系统的交通规则，空中交通同样有自己的飞行规则。飞行规则需要空中交通的使用者和管理者共同遵守与执行，才能保证空中交通可以安全、有序地进行。飞行规则可分为通用飞行规则、目视飞行规则和仪表飞行规则。

1. 通用飞行规则

通用飞行规则指的是各种类型航空器都需要共同遵守的飞行规则。当前，通用飞行规则已经成为飞行的基础理论，甚至已成为常识。为了更好地促使空中交通的使用者和管理者遵守与执行通用规则，我们把通用规则中比较重要的内容做了如下的整理归纳。

（1）保护人身和财物的安全

这是最为基本的飞行规定。航空器一般不得在稠密居民区上空飞行，只有在得到特殊允许或是出现紧急情况时才可在稠密居民区上空飞行。机上所有人员不得从机上向下抛掷任何物体。

（2）避免碰撞

一方面，航空器不能出现在可能会发生碰撞的空域内，除特殊允许，航空器不得在国际禁区内飞行。另一方面，在安全情况下，航空器需要实行右侧通行权，若需要超越则要按照如下的要求去飞行：机身彼此接近时，飞机须相向飞行，各自向右转；机身交会时，靠左的航空器需要给靠右的航空器让路。动力驱动的重于空气的航空器需要为其他航空器让路；一架飞机即将超越另一架时，靠前的飞机拥有路权，超越者需要改变高度或者向右改变方向来完成超越；飞机降落阶段，无论是在空中还是处于地面的飞机都要为即将着陆的飞机让出航路，同时高度高的飞机要为高度低的飞机让路；飞机起飞阶段，正在滑行的飞机要为即将起飞的飞机让路；在已知一架飞机处于紧急状态时，其他航空器都要为其让出路权。

（3）飞行计划

航空器的航行活动都需要按照规定及时向空管部门递交飞行计划。

（4）时间标准

民用航空器需要统一使用协调时间时，即 24 小时制计时。

（5）空中交通管制的要求

空中交通管制的要求分为空管许可与位置报告。其中，空管许可为飞机的管制飞行必须获得空管许可后才能进行。而位置报告则为在空中管制飞行过程中，在规定的报告点，航空器必须及时向机构报告飞越的时间、高度；如果是在尚未设定报告点的空域，则驾驶员需要定时向机构报告位置。

2. 目视飞行规则

目视飞行规则与能见度息息相关，因为目视飞行规则就建立在飞机既可看清其他同时飞行的飞机，也可以看清地面的基础上。目视飞行规则具体设定了在最低飞行可接受的能见度范围内可进行目视飞行的基本气象条件，如飞行能见度至少为最低云层外 1 500 m。这样才能确保驾驶员可以在现有条件下，看到同向（方向）的飞机或是其他障碍物，以免发生碰撞。

目视飞行规则相比其他飞行规则而言，技术性与复杂性都不强，因此对驾驶员的要求也不高，如驾驶员只需有基本的飞行、通信技能，飞机上的仪表可确保安全飞行即可。当飞行时的能见度符合规则，那么间隔距离也会缩短，降低了驾驶员的实际操作难度。不仅如此，它对低速、低空飞行的飞机和在飞行不稠密地区飞行的飞机的限制也会减少。因此，一些没有安装先进仪表且只需在较低的空中飞行的小型航空器大多会选择目视飞行规则飞行。除此之外，倘若能见度情况较好，部分大型民用航空器也会采用目视飞行规则。

3. 仪表飞行规则

天有不测风云，如果飞行当天的气象条件恶劣，明显不能满足目视飞行规则，只有安装了无线电通信与定位仪表的飞机才可以在先进仪表的支持下得以照常飞行，这种情形下的飞行活动就是仪表飞行。可见，仪表飞行所要求的气象条件明显要比上述的目视飞行条件要低很多。

国际民航组织为了完善仪表飞行的细节，统一制定了全球通用的仪表飞行气象条件。当出现恶劣气象时，驾驶员自然看不清其他正在航行中的同向（反向）飞机，那么地面上的管制员需要通过发送信息使这架飞机与其他飞机之间产生一定的间隔。因此，仪表飞行规则要求了进行仪表飞行的飞机必须安装符合规定的飞行仪表与无线电设备。同时，驾驶员需要在同类民用航空器的培训活动中取得仪表飞行的驾驶执照后，才能够进行仪表飞行。

地面上的管制员需要对进行仪表飞行的飞机负责，把飞机进行全程监控与管理。在进行仪表飞行前，相关人员需要按时向交通管制机构提交一份飞机计划，其中包括飞行的航路、速度、高度和预计的飞行时间。而管制员根据这份详细的飞机计划来做规划，合理地分配不同航空器的实际航路、具体高度等，在执行过程中，管制员要实时监控以及引导航空器的仪表飞行活动。

（五）通信标准

当下，空中交通服务的内容为地面的管制员与空中的驾驶员之间的信息交流互动，而信息交流的媒介便是无线电。借助无线电通话，管制员可与驾驶员之间形成实时的信息传送，安全有序地完成飞行任务。如果在无线电通话过程中，设备使用的频率与通话的语言没有达成统一且不符合相关规定，那么整个管制过程会出现混乱，从而影响飞行活动。因此，业界需要对无线电通信的频率与语言制定严格的规定。如表4-2-1所示为航空通信标准中数字与字母的读音规定。

表4-2-1　数字与字母的读音规定

数字和字母	英语对应字	发音
0	Zero	Zee-ro
1	One	Wun
2	Two	Too
3	Three	Tree
4	Four	Fow-er
5	Five	Fife
6	Six	Six
7	Seven	Sev-en
8	Eight	Ait
9	Nine	Nin-er
A	Alpha	Alfah
B	Bravo	Brahvoh
C	Charlie	Charlee
D	Delta	Delta
E	Echo	Eckoh
F	Foxtrot	Fokstrot
G	Golf	Golf
H	Hotel	Hohtell
I	India	Indee-ah
J	Juliett	Jewlee-ett

数字和字母	英语对应字	发音
K	Kilo	Kevloh
L	Lima	Leemah
M	Mike	Mike
N	November	November
O	Oscar	Osscah
P	Papa	Pahpah
Q	Quebec	Kehbeck
R	Romeo	Rowme-oh
S	Sierra	Seeairah
T	Tango	Tangggo
U	Uniform	Younee-form
V	Victor	Viktah
W	Whiskey	Wisskey
X	X-ray	Ecksray
Y	Yankee	Yangkey
Z	Zulu	Zooloo

1. 频率分配

在空中交通管制中，全球的无线电频率分配是相同的。陆空通信主要使用高频（High Frequency，HF）和甚高频（Very High Frequency，VHF）。其中，高频主要用作零距离通信的基本传输手段，而甚高频则多用于空中管制进行时陆空通话的基本传输手段。根据国际标准，甚高频的频道的分配如下：

①空中交通管制员与驾驶员通话：118.000~121.400MHz、123.675~128.800MHz 和 132.025~795.000MHz；

②地面管制：121.600~121.925MHz；

③紧急情况：121.500MHz；

④空中飞行情报服务：121.100~122.200MHz；

⑤发射台：108.100~117.900MHz，航向台：108.000~1 112.000MHz。

2. 语言的规范

根据国际民航组织的相关规定，英语为空中交通管制中通用的语言。语言的规则相当细致与严格，因为在地面与空中通话的过程中，一个数字、字母或词义的混淆都可能导致信息传递有误，从而影响飞行活动。

因此，国际民航组织制定了一个专业的通话语言表格，对通话所需数字、字母和空管用的专门词语的发音与解释都做了详细的规定（表4-2-1）。除此之外，国际民航组织也对飞行时的高度、速度、时间、风向、风速、航向、跑道名称和一些重要的词句用语做了重点的解释与说明。

三、航行概述

（一）航行情报服务的机构和内容

航行情报是为了确保航空器在飞行全过程的安全而在实际飞行活动中出现的一种精确信息。而航行情报服务则是民航当局需要向驾驶员和相应的飞行系统提供准确的飞行前和飞行中必知情报的一种信息服务。

航行情报机构并不是一个独立存在的部分，它是一个具有完整体系结构的系统。航行情报机构需要与空中交通管制机构彼此合作，共同完成服务工作。通常，每个机场都会建立航行情报室或安排专业的航行情报服务人员来为机组成员提供情报服务，而且每个大航行情报区还设有航行情报服务中心，以固定的时间间隔来向外发布准确的航行情报。各个国家的民航总局一般都成立了全国性的情报中心。这个具有强大情报传递功能的信息中心可以在飞行情报区覆盖的任意范围内，大量、高效地为驾驶员提供所需的航行情报。在这里要强调一点，航行情报服务系统并不涉及监测空中交通，它仅仅是提供专业信息的网络系统。通过这个系统，各个航行情报中心与航行情报中心之间形成了紧密的联系，将情报信息全方位地提供给管制员与驾驶员。

航行情报服务的具体内容如下：

航行资料汇编；更新编汇航图；收集、核对、发布航行通告；向机组人员提供飞行前后的实时航行资料服务；在飞行过程中提供航行情报服务。

（二）航行情报服务的范围

1. 航图

航图就是集合了各种与航行活动相关的地理信息、导航设施、机场的标准以及其他相关数据都标示出来的一种地图。航图可分为两类：一类航图为标出地形信息与相关航行情况的航空地图；另一类航图为以导航标志与细致的地形为专门目的使用的特种航图。

目视飞行空域的设定与制订飞行计划多使用航空地图，按照所表示地范围航空地图可分为如下几类：

（1）世界航空地图

世界航空地图适合做长距离飞行的高度飞行运用。通常，世界航空地图每年要更新信息，完成修订出版，它的比例尺为1∶1 000 000。

（2）区域航空地图

区域航空地图多指以某个特定区域为范围地区的一种航空地图。正因为它所涉及的范围比世界航空地图小，所以它所描述的地理信息和相关的航空信息比世界航空地图要详细、具体、细致。通常，区域航空地图上都有地形、目视标志点、无线电导航点、机场、空域、障碍物、航路、距离等相关标志，不同的标志以颜色区分，如蓝色代表水面、粉色代表导航等。区域航空地图的修订时间要比世界航空地图要短，一般每半年就要修订一次。区域航空地图的比例尺为1∶500 000。

（3）航空计划地图

航空计划地图是现代航行活动背景下新兴的一种航图，它是为了在采用VER和IFR飞行前作为飞行计划而被设计、绘制。航空计划地图多被绘制成两大部分：一部分供VER使用，以航空地图基本形式出现，图中详细标明了各种地面情况；另一部分则供IFR使用，主要标明无线电导航台的位置与标志。航空计划地图的比例尺的范围为1∶5 000 000~1∶2 000 000。

2. 特种航图

特种航图是现代航行活动最常使用的航图，多供IFR飞行使用，现有13种特种航图，下面介绍其中的比较重要的7种。

（1）航路图

航路图主要指的是服务机构向机上人员提供的含有空中交通服务的航路的航行图。航路图的内容为航路中全部无线电导航信息。航路图不会标明其他所有地面、地形的具体情况，除了水面。航路图的修改时间极短，通常一个月就要修订出版1次，因此航路图可及时为机组提供无线电通信与导航的频率改变等最新信息。航路图中的方位、航迹、径向方位都要以磁北为标准，航路上的所有报告点的位置也要精准标注在图上。借助航路图，驾驶员可在规定好报告点上向地面管制员报告飞机的位置与参数。

（2）仪表进近图

仪表进近图的应用范围比较小，可供 IRF 进近与仪表飞行着陆使用，仪表进近图的比例尺比航路图要大，并且在图中详细标明了进近时的路线及导航设施的所在位置和具体频率。机组需要参考仪表进近图来保证飞机在制定好航线与高度，安全、有秩序地飞行，以免与其他航空器相撞。

（3）机场图和机场障碍图

我们机场图与机场障碍图放在一起说明。这类图都具体标注了机场附近的航行情况、各种限制和障碍物的分布。这类图是为了让驾驶员对降落的机场有更为详细具体的了解。根据障碍物的不同，机场障碍图可分为 A 型图、B 型图和 C 型图。其中，A 型图的使用频率比较高。

（4）标准仪表进场图

标准仪表进场图所涉及的内容非常多，除基本的航图标题之外，标准仪表进场图包括了如下内容：标准仪表进场（Standard Instrament Arrival，STAR）的进场图标示；进场程序代码；机场过渡高度层；过渡高度；扇区最低安全高度等。在航行活动顺利进入进场阶段前，驾驶员需要依据标准仪表进场图，获取降落机场的过渡高度层、过渡高度，选择合适的进场程序，然后在每个点仔细辨读航图信息，其中，航迹、径向线、各个点的高度、限制性空域、扇区最低安全高度是需要重点阅读的信息。

（5）标准仪表离场图

标准仪表离场图与标准仪表进场图相对应，内容大致相同。唯一需要强调的是，驾驶员需要分清楚 DEP— ARTURES 与 ARRIVALS。

（6）标准仪表进近图

标准仪表进近图是当前终端航图中形式最为复杂，但内容又最丰富的一种现代特种航图。标准仪表进近图多运用于进近降落阶段，此阶段比较危险，驾驶员需要对进近航图所涉及的内容、地理位置、信息数据结构熟记于心，这样才能在极短的时间内迅速、精准地获取所需的数据信息。

标准仪表进近图可细分为：精密进近 ILS 仪表进近图、非精密进近全向信标台（VHF Omnicirectional Radio，VOR）仪表进近图、非精密进近 NDB 仪表进近。上述进近图的格式与内容基本相同，唯一的区别在于图中的数据有所差异。

综上所述，特种航图的产生与发展是为了满足当下不同的导航要求，特种航图的特征为任务单一，比例尺较大，航图的修订周期短。

3. 航行资料

按照所含的内容信息容量、发布的方式和信息的有效时间，可将航行资料分为如下几类：

（1）航行资料的汇编

航行资源多适用于国际航线。汇编航行资料的目的是为不同国家之间的航行信息交换而汇总、编制的关于某一国家（区域）航行领域的基本资料与相关数据。按 ICAO 的要求，航行资料汇编（Aeronautical Information Publication，AIP）提供国家民航当局认可的机场、气象信息，规划、导航设施、服务程序，所有在飞行中可获得的服务与专业设施的基本情况，发布国家民航程序和 ICAO 提出的各种建议。按照 ICAO 标准绘制的形式不一的航图也可作为 AIP 的补充内容。AIP 的大小和规格有较为详细的规定，如装订形式须为散页，每页须有具体发布日期，若需要修改则要通过换页完成。通常 AIP 的修订出版时间为 1 个月。

（2）航行通告

航行通告也是航行情报服务中较为重要的航行资料。航行通告可及时向机组人员通告航行设施、服务，程序的建立与状况变化，还可瞬间告知航路上出现的危险情形。可见，航行通告是航行活动所涉及的全部人员都要及时且全面了解的信息资料。通常，航行通告由电信网统一发布，多在生效前一周内发出，若遇到紧急情况，则随时发布。航行通告在航行情报系统中也被称作一级航行通报。

（3）航行资料通告

航行资料通告包括定期制航行资料通告与航行资料通告这两部分内容。其中，定期制航行资料通告的有效时长为 28 天，这个时间是指资料在读者手中的时间。资料出台前期的编辑、收集所需的时间比较长，但也要保证读者在航行活动开始前的 28 天内收到。如果无法保证在有效期限内将资料发布出来，那么需要把 1 个月以来的航行通报做一个总结后出版。定期制航行资料通告的主要内容为公布关于导航程序、系统的变化预测及关系到飞行安全等有关方面的具体情况，需要在生效前 15 天按时发布。航行资料通告与定期制航行资料通告不同，它的发布时间不固定。定期制航行资料通告与航行资料通告也可归入 AIP 当中。

（4）飞行人员资料手册

飞行人员资料手册包括四部分内容：第一部分为航行资料通告的程序与飞行相关数据，修订时间为每 3 个月 1 次；第二部分为机场手册，不同机场的进近情况、离场程序、航行情报中心和气象服务的电话号码都为机场手册的基本内容，修订时间为每 6 个月 1 次；第三部分为航行通告，包括具体的操作信息数据；第四部分为基本航图及与其相关的补充资料，修订时间为每 3 个月 1 次。综上，飞行人员资料手册是一种以一定时间间隔出版的航行资料汇编，它会持续更新、公布航行信息的变化，无论是驾驶员、航行人员，还是管制人员，飞行人员资料手册都是极为重要的飞行资料。世界上所有注重航空活动的国家为涉及航行活动的工作人员更提供更为新鲜、全面的信息，都会编制飞行人员资料手册，并按时定期公开、发行出版。

4. 航空气象服务

世界各个国家的民航当局与相关气象部门为了积极应对天气因素对航行活动的影响，专门建立了气象服务部门，以便及时为航行机构、空中交通管制机构与驾驶员提供精准、有效的气象信息。

（1）组织机构

我国的航空气象服务是由独立存在的民航气象专业组织完成的。航空气象观测站、机场气象台的区域气象预报中心共同构成了气象专业组织。通常，气象观测站会设在机场以及主要航路点上，便于实时观察与记录天气状况，并且及时向机组和机场气象台传送气象信息。而设立机场气象台的目的是做好航路天气预报，全面收集与航行相关的气象报告，而后机场气象机构会与地方气象台完成气象情报的交换工作，并及时向机组工作人员提供丰富多样的气象文件。区域气象预报的工作内容更为具体，多数时间要为驾驶员及相关航行机构提供区域内的重要天气预报图以及特定高度层上高空风的活动现状。与此同时，驾驶员也需要按照国际规定向航空气象部门传送实时天气情况，即飞经区域的气象。

（2）气象报告

①机场气象观测报告。该报告涉及内容为当前区域内地面风、能见度、云底高度、降水、气温、露点、气压的报告。这种报告通常由观测台每小时更新发布一次。一旦出现恶劣天气，这种气象报告就会采取随时发布的策略。当下部分大型机场都已成功设立了自动气象发布的专业设施，设备可为机场每小时提供一次气象观测报告，按时监测天气状况。

②机场预报。顾名思义就是对机场区域内的天气进行预报。该预报的发布时间比机场气象观测报告要长，每6小时发布1次即可，预报的有效时段为18~24h。一天内机场区域的云底高度、能见度和风速、风向、降水变化都归属机场预报的基本内容。

③起飞预报。该预报范围小，内容却极为细致，它会对跑道上地面风、气温、气压进行预报且有效时间为3h，为飞行做好气象信息准备。

④高空风预报。该预报内容为在某一具体时间段内不同大气高度上的风速、风向、温度变化。发布时间和有效时间都需要详细标记在内。

⑤航路预报。航路天气信息与重要气象情报不仅属于航路预报，而且都由航路气象观测站发出，而后通过航行服务中心的高频广播，得以播出。航路气象信息需要对航路飞行高度上的实时天气现况做预报，高空风、气温和重要天气情况都需要出现在预报中，借助广播以每小时 2 次的频率对外公布。而重要的天气情报则是一种在航路上出现（预期出现）且影响飞机安全飞行因素的气象情报，巡航高度上的雷暴、热带气旋、严重结冰、沙暴、火山喷发等都是重要天气预报的内容。其发布频率比较高，初期每小时播出 4 次；后期每小时播出 2 次，在 4~6h 内有效。

⑥天气图。天气图比较特殊，通常由各个国家的气象系统来完成，借助电信网将天气信息及时传送到下属的气象机构。我们都知道航空活动与气象息息相关，因此为满足航空活动需求的天气图又被叫作航空天气图。

⑦雪情通告。雪情通告是为了使航空器在雨雪天气的影响下也可正常起飞而制作的气象通告。机场航行情报室根据雪情通过电信网络以电信方式传送，雪情通告不会独立存在，多附加在每小时 1 次的天气报告的后面。

在现代技术的支持下，气象报告、预报预测成功率越来越高。虽然国家气象机构承担了大部分气象预报工作，但是民航机构还需要航路点及时的气象预报，可见民航的天气观察点和驾驶员在航行过程中观察、监测到的实时天气的报告对于航空活动来说依旧是最为重要的气象资料。因此，民航的航行情报部门要积极与气象单位形成长期合作关系，为航行机构与机组人员提供精准、具体的气象服务，确保民航运输的安全。

5. 航行情报服务的内容与发送

（1）航行情报服务的内容

航行情报服务的内容如下：

航行通告；重要天气情报；导航服务变化的相关信息；机场设施情况，飞行区情况，影响飞行的雪、冰和积水的信息；目的地机场、降落机场的天气情况；碰撞危险时出现示警报告；等等。

（2）航行情报的发送

高频通信、甚高频通信和航站自动情报服务广播为目前各大机场进行航行情报的主要传送手段。空中交通服务机构需要将飞行情报及时、准确地发送给相关航空器，以及给予协作辅助的专业气象组织机构。一旦空中交通管制机构还承担了航行情报服务工作，那么机构需要完成空中交通管制的服务工作。

第五章　空　港

本章主要论述空港，其主要内容包括空港的构成与管理、空港的发展与规划以及国内主要空港数据与机场三字代码。

第一节　空港的构成与管理

本节主要论述空港的构成与管理，其主要内容包括航空港的发展历史、航空港的概念、空港城市的类型及其分布、航空港及一般机场的分类以及空港的构成等。

一、航空港的发展历史

从 20 世纪初莱特兄弟发明飞机至今，航空业的诞生已有一百年。在这一百年的时间里，随着航空技术的不断发展，航空港也在不断变化。

第一阶段：飞行人员的机场（机场的幼年期）。机场只为飞机和飞行人员服务，基本上不为当地社会服务。1910 年在德国出现了第一个机场。

第二阶段：飞机的机场。机场主要是为飞机服务。1919 年，欧洲开始建立起最初的民用航线。

第三阶段：社会的机场。

二、航空港的概念

广义的航空港可以指它所依托的城市。狭义的航空港仅指地面起降系统，即指机场。一般来说，凡是一个完整的航空港，必然依附于某一城市。除了军事基地以外，几乎没有一个航空港不依赖于城市的存在。

航空港的智能往往是城市职能的一部分。正是因为城市的某些职能要求航空具备一定的运输能力，航空港形成了一定的吸引辐射功能。因此我们在研究航空港的同时，必须研究它所依托的城市。这样，我们才能揭示和评价一个航空港在航空运输中的地位和作用①。

三、空港城市的类型及其分布

空港城市即指航空港所依托的城市，这些城市的某些职能就是航空港产生吸引辐射功能的本质所在。按这些职能可将空港城市分为政治外交型、经济贸易型、枢纽型和旅游型。

（一）政治外交型

一般来说，作为国家或地区的政治活动中心以及外交活动中心是这类城市的重要职能。它们多为国家首都或是国际会议的召开地。这些城市人口较少，一般在百万以下。城市没有大型工厂企业，只有国家机关、科研教育机构、文化娱乐设施以及供城市消费的食品、服装以及印刷等轻工业。一般城市环境良好，极少有污染。政治外交型的城市如华盛顿、日内瓦、北京等，一般国家的首都均具备进行政治外交活动的功能。

（二）经济贸易型

这类城市多为世界上重要的国际贸易中心。频繁的经济贸易往来，是这类空港城市辐射吸引功能的主要原因。

国际贸易中心，指那些具有国际贸易职能的中心城市。它集结着国际商品和国际贸易结构，可以是国际商品的集散地，也可以是专门提供交易场所的中心或兼而有之。国际贸易中心的形成和发展是一个较为复杂的过程。它受到地理位置、商品经济水平、发展历史、科技水平、政治经济制度等因素的影响。目前的国际贸易形式多种多样，常见的有国际博览会、商品交易所、国际贸易中心、商品交易会、拍卖市场等，如伦敦、东京、北京、香港、上海、广州、深圳、厦门等就是典型的经济贸易型城市。

（三）枢纽型

这类城市特别是地理位置，具有发展航空运输的优越的自然条件，它往往是形成航空枢纽的主要原因。这里的地理位置包括自然地理位置和政治、经济地理位置。这类城市多为发展中国家的重要城市或交通枢纽。它们与发达国家的现代化城市相比。经济不一定很发达，科学技术不一定很强，人口也有多有少。但是，它们多处在重要的国际航线上，随着国际运

---

① 刘桦，魏全斌，刘忠.航空基础概论［M］.成都：四川教育出版社，2008.

输的发展，逐渐形成重要的航空枢纽。这类城市有新加坡、开罗、北京、上海、广州等。

（四）旅游型

旅游型空港城市必须具有一种或几种著称于世的名胜古迹，它们以秀丽的自然风光、悠久的古迹、独特的异国风情、精美的建筑、现代化的游乐设施产生极强的吸引力，从而成为重要的空港城市。这类城市有新加坡、曼谷、北京、西安、桂林、杭州等。

需要注意的是，以上单种类型的划分不是绝对的，许多空港城市具有多方面的职能。一个城市可能以多种职能影响航空港的吸引辐射能力。特别是综合性大型城市，如纽约、巴黎、北京，它们既是本国的政治中心或经济中心，又是国际贸易中心，同时，它们也是世界上著名的旅游城市和国家旅游中心。这种综合性大都市都设有规模较大的国际航空港。

四、航空港及一般机场的分类

按用途和设备的不同，机场可分为军用和民用两类。

按服务性质划分，机场可分为运输机场、通用机场。运输机场包括国际机场和国内机场。

按跑道长度划分如表 5-1-1 所示。

表 5-1-1　飞行区等级指标 I　　　　单位：m

飞行区等级指标 I	飞机基准飞行场地长度
1	小于 800
2	800～1 200
3	1 200～1 800
4	大于 1 800

按机翼宽度、主起落架外侧间的距离划分如表 5-1-2 所示。

表 5-1-2　飞行区等级指标 II　　　　单位：m

飞行区等级指标 II	翼展	主起落架外轮外侧间距
A	小于 15	小于 4.5
B	15～24	4.5～6
C	24～36	6～9
D	36～52	9～14
E	52～60	9～14

国际上对飞行区等级有统一的标准，它由飞行区等级指标Ⅰ和飞行区等级指标Ⅱ定量分级。习惯上，还可以根据承受能力粗略分级，如表5-1-3所示。

表5-1-3　对机场的粗略分级　　　　　　单位：m

等级	用途	机型	跑道长度	跑道宽度
1	国际、国内远程	大型	3 000～3 800	45～60
2	国际、国内中程	中型	2 000～3 000	45～60
3	近程	小型	1 000～2 200	30～45
4	短程	小型	400～1 000	16～30

五、空港的构成

航空运输用的公共建筑以及有关设施，通常也称飞机场或机场。20世纪20年代，使用螺旋桨飞机时，只是在机场跑道旁有一些简单的建筑。从20世纪50年代起，由于大型喷气客机的广泛采用，空港逐渐发展为拥有复杂技术设施的大型建筑。航空港进行选址的时候，应符合城市的总体规划，并考虑交通便利，一般不宜设于多雾、多烟和有暴风雨、雷电的地区。航空港上空和规定范围内应无高山等障碍物。此外要远离鸟群栖息地，避免航空港环境与植被对鸟类产生吸引。为排除飞机起落时噪声对居民生活的干扰，机场同居民点应该保持必要的距离。

航空港的主要建筑和设施有飞机跑道、停机坪、停车场、候机楼、指挥塔和机库等，此外还有货运站、中转旅馆等①。

六、空港的主要组成部分

航空港可以分为飞机活动区、候机楼区、地面运输区。

（一）飞机活动区

飞机活动区分为空中部分和地面部分，包括空域、跑道、滑行道、停机坪等。

①空中部分：机场的空域；
②地面部分：跑道、滑行道、停机坪、登机门。

---

① 刘桦，魏全斌，刘忠. 航空基础概论［M］. 成都：四川教育出版社，2008.

1. 跑道

跑道布置形式和长度应根据接纳的飞机类型、航空港的布局、规模、经营方式等而定。目前一般飞行距离为 10 000km 的，跑道长 3 640m；飞行距离 5 000km 以下的跑道长 2 730~3 020m。跑道长度还同飞机性能有关。跑道长度还要考虑航空港所在地海拔高度、平均最高气温和有效纵向坡度。跑道布置形式同航空港容量、基地风向等有关，常见的有带形、平行形、交叉形、V 形、综合形等。跑道的基本参数有方向和跑道号、基本尺寸、跑道的道面和强度。

2. 跑道的附属区域

①跑道道肩：跑道纵向侧边和相接的土地之间的一段隔离的地段；
②跑道安全带：跑道的四周划出的一定的区域来保障飞机在意外情况下冲出跑道时的安全；
③净空道：跑道端之外的地面和向上延伸的空域。

3. 滑行道

用于连接飞行区各个部分的飞机运行通路。

4. 停机坪

飞机停放和旅客登机的地方。

5. 航站导航设施

（1）指挥塔
指挥塔是航空港的控制指挥中心，应设在较高部位，或建于候机楼上部，或独立设塔。塔台和仪表飞行指挥室一般为叠层布置，塔台位于上部，顶端装置雷达和各种通信设备的天线。
（2）仪表着陆系统
仪表着陆系统包括航向台、下滑台和指点信标。
①航向台。航向台提供飞机下降时的水平导航（航向导航），是甚高频发射台，位于跑道中心线的延长线上；发射两个强度相等的分布在沿跑道中心线两侧的无线电波束——航向信标波束；飞机对准跑道下滑时，机载接收机收到的两束波的反射信号强度相等——以此指引飞机准确下滑。
②下滑台。下滑台提供飞机下降时的垂直导航；发射两束和航向台相似的等强度波束；指引飞机沿 3°的坡度正确下滑。

③指点信标。指点信标提供飞机下降时的准确位置；由三个指点信标组成：外指点信标距跑道端 5 海里（1 海里 = 1 852m），中指点信标距跑道端 0.5 海里，飞机高约 60m；内指点信标距跑道端 300m，飞机高约 30m——二类仪表着陆的决断高度。

（3）精密进近雷达系统

精密进近雷达系统包括发射器、显示器和两个天线。其体积小、可移动，不需要飞机上装很多装备。但缺点是精确度和可靠性受人为因素干扰较大，不如仪表着陆系统稳定，多用于军用导航。

（4）微波着陆系统

微波着陆系统与卫星着陆系统相比，没有太大发展空间。

6. 航空地面灯光系统

跑道灯光、仪表进近灯光、目视坡度进近指示器组成了航空地面灯光系统。

7. 空港跑道系统的分类和标志

其主要分为目视（非仪表）跑道和仪表跑道。

8. 空港的进近和净空

特指飞行区。

9. 飞行区的其他设施

其包括测量基准点、标高校核位置、航行管制服务的设施、地面的维护设施、消防和跑道维护设施。

（二）候机楼区

候机楼区包括候机楼建筑本身以及候机楼外的登机机坪和旅客出入车道；客货运输区，即为旅客、行李、货物、邮件运输服务区域，包括停车场、候机楼、交通道路系统等。

1. 登机机坪

旅客从候机楼上机时飞机停放的机坪，形式有单线式、廊式、卫星厅式、车辆运送式。

2. 候机楼

候机楼是航空港中的主要建筑物。其中为旅客服务的设施有以下几种：

①手续系统，包括签票柜台、行李托运柜台、检查处（安全、海关、出入境验证、卫生防疫等）、行李提取处等。

②服务系统，包括厕所、电话室、医务室、邮局、银行、理发室、出租汽车站、餐厅、酒吧、商店、书报亭、迎送者活动空间等。

③飞行交换系统，包括登机口、登机休息室、自动步行廊道、运载车、登机桥、舷梯和有关服务空间。此外还有航空公司营运、管理和政府有关部门的设施用房。

候机楼的布局方式有以下几种：

①集中式，旅客在出发厅办理手续，然后进入候机厅候机，再由登机口登机，适用于规模不大的航空港。

②廊式，候机部分采用廊道栈桥布局方式，有单条形和呈指状的多条形，旅客在出发厅办理手续后，在廊道内候机再经登机桥登机。这种形式适用于吞吐量大的航空港。

③卫星厅式，其位置在候机楼外，以廊（地下或地上的）相联系，旅客经候机卫星厅通过登机桥登机，是近十余年来机场采用较广泛的一种方式。

④运载器方式或称登机车方式，飞机停在远离候机楼的停机坪上，旅客搭乘登机车登机或离机。采用这种登机方式，候机楼可集中布置，平面灵活，不受飞机载客增多、飞机型号增大的影响。

⑤直达登机口式，办理手续分散，设在每个停机位前，可以缩短旅客办理手续和候机的过程。

一个航空港可采用上述某种登机方式，也可采用几种方式的综合布置。候机楼内的旅客有同时到达的、出发的和中转的，因此候机楼可采用不同层次组织交通。

（三）地面运输区

这是机场维护区，包括维修厂、维修机库、维修机坪等。其组成为空港进入通道、空港停车场和内部通道。

七、空港在经济发展中的作用

空港在经济发展中的作用为交通联系的枢纽；吸引投资；促进当地经济的发展；使房地产增值。

八、空港的管理

（一）国家管理

国家的民航主管当局直接管理航空港。

其优点是，可以迅速适应国家政治任务的需要，容易和空中交通管制系统形成配合，集中力量统一调度。

其缺点是，和当地政府、经济社团联系不密切，不能从地方经济和社会发展出发考虑问题，从而形成矛盾。

（二）地方政府管理

其优点是，能把地方社会经济发展的要求和机场的经营统一协调起来，能调动地方投资的积极性。

其缺点是，有时会和空管当局及非本地的航空公司产生利益上的矛盾。

（三）私人企业管理

其优点是，经营的效率很高。

其缺点是，必须由政府来控制和协调它的经营的波动性和忽视社会效益的倾向。

九、空港的维护

空港的维护内容包括维护道面、防止鸟撞、紧急救援、安全保卫、地面勤务。

第二节　空港的发展与规划

本节主要论述空港的发展与规划，其主要内容包括空港的容量、空港的规划和发展。

一、空港的容量

空港的容量的主要内容包括容量的概念、名义容量和实际容量。

（一）容量的概念

容量指空港在给定的时间中能处理的交通量（飞机的起降架次或旅客的流量）。

（二）名义容量

名义容量指不考虑飞机的延误，即飞机等候一架接一架的起飞或降落，单位时间所能允许的起降次数。

（三）实际容量

实际容量指在规定出飞机由于空港条件而延误的时间限制后，空港所能允许的运行架次。

二、空港的规划和发展

（一）规划依据

①场地的工程地质和水文地质、气象（包括风、气温、湿度、雾、降雨量、雷暴、冰雹、雪、风沙、气压、能见度和天气变化统计）、地理地形等自然条件；

②航空业务量预测、飞机机种、特征和发展趋势；

③飞机场和城市的距离、相对位置、交通条件、城市发展规划、土地和附近居民点的分布；

④场地和邻近飞机场、空域及禁航区的关系，周围地区的障碍物情况；

⑤无线电收发讯区的划分、公用设施，如供水、供电、煤气和燃油的获得；

⑥植被和鸟类栖身地等生态环境。

（二）规划原则

①统一规划，分期建设，在满足最终发展设想的前提下，合理布置近期建设项目；

②主要设施的分区既要满足各自的功能要求，又要协调它们之间的相互联系，各设施的容量互相平衡，保证飞机安全运行；

③总体布局紧凑，使用灵活，有发展余地；

④用地经济合理，少占或不占良田和居民点；

⑤避免环境污染，维持生态平衡，使飞机场和它所服务的城市及周围地区协调发展。

总之，随着民航运输的发展，飞机机型的更新，导航设施的改进以及日益强调的环境标准等，飞机场总体规划必须是将技术、经济、政治、社会、财政、环境等诸因素进行综合分析后得出的技术可行、经济合理的最佳方案。

（三）规划内容

规划内容因飞机场性质、规模和地理位置的不同而异，主要包括以下几点：

①航空业务量的预测；

②确定飞机场近期、远期和最终的发展规模和标准；

③制定飞机场主要设施的平面布局；

④分析飞机场运行的环境影响和处置措施；

⑤拟定飞机场及其邻近地区的土地使用规划；

⑥确定近期建设项目，估算投资并提出建设分期；

⑦分析评价飞机场经营的社会经济效益。

（四）航空业务量的预测

制定规划的基础是各种业务量的预测。预测期限分短、中、长期，短期预测年限不低于5年，中期5~10年，长期为15年或更长；有时也对飞机场最终容量做出预测。预测内容包括飞机运行架次、机型组合、旅客人数、货物邮件运量和地面车辆交通量。预测方法有趋势外推法、经济模式、市场调查法和专家评估法。

(五) 发展规模和标准的确定

决定飞机场设施的近期、远期及最终的发展规模的根据是预测业务量；飞机机型和航线航程决定飞行区的各项设施的几何尺寸和数量（即跑道、滑行道的长、宽及间距、数量）；高峰小时飞机架次和旅客人数决定航站区规模；货物年运量决定货物航站规模，并相应决定保证飞机安全飞行的通信导航、空中交通管制、气象设施；保证飞机场正常运行的供电、供水、供油等公用设施，以及进出飞机场的道路及飞机场场内道路、停车场的规模。

(六) 飞机场主要设施的平面布局

1. 飞行区的布置

其主要指跑道、平行滑行道、快速出口滑行道、联络滑行道、升降带、停机坪及飞行区排水系统的布置。其中跑道是最主要的部分，它的布置决定于跑道的数量和方位（见飞机场跑道）。平行滑行道的位置及尺寸取决于跑道的类别及使用的机型，通常只布置一条平行滑行道，在飞行量非常大的飞机场则要求规划布置第二条平行滑行道，以保证飞机在地面上运行的安全与畅通。在业务量繁忙的情况下，需要设置快速出口滑行道，它与跑道的夹角在30°左右，其位置取决于使用的机型、接地速度、减速率和出口数目。跑道、平行滑行道、停机坪间设联络滑行道。

根据停放飞机的机型和数量、场地条件布置停机坪。在一些飞机场，还应根据需要设置等待机坪、隔离机坪及旁通滑行道等（见飞机场飞行区）。

2. 航站区的布置

飞机场规划布局的重点是航站区处在飞行区和地面工作区的分界上。航站区的设施主要有旅客航站、货物航站、客机坪、站前区道路及停车场。航站区的布置主要是确定航站区的位置和选择合适客机坪和旅客航站构形。航站区和跑道相对位置的确定原则见飞机场构形①。

3. 工作区的布置

飞机场的工作区包括航空公司、飞机场管理当局和武装警察、海关、

---

① 刘桦，魏全斌，刘忠. 航空基础概论［M］. 成都：四川教育出版社，2008.

检疫等部门在飞机场工作的人员办公和生活的地区，应相对集中地布置在与航站区相隔一定距离的地方，以不影响和干扰旅客及各种车辆的通行为原则；生活用房除必不可少者外，其他均应在飞机场外建造①。

4. 塔台和无线电通信导航台、站、点的布置

塔台应不妨碍航站区的扩建，布置在整个飞机场的适中位置。无线电通信导航各系统的台、站包括外、中、内指点标台、远程（近程）雷达站、航向台、下滑台、发讯台、全向信标、测距仪台等的位置，须结合飞机场规模、地形、场地条件和设备技术要求选点，必须能易于解决水、电等公用设施并与外界接通的道路。

5. 气象设施的布置

其包括气象观测站和气象雷达站。观测站应尽可能靠近飞行区，能观测跑道两端飞机进近区的天气变化，它的仪表应避免受到来自飞机喷气流的吹袭。气象雷达站的位置应避免周围高耸建（构）筑物对雷达波的遮挡。

6. 供油设施的布置

供油设施的布置包括卸油站、储油库、使用油库及机坪加油系统。卸油站的位置一般选在能接通铁路或靠近卸油码头的地方。根据飞行量的大小决定储油库的规模，库址应远离站坪或飞机场。场内使用油库则须与其他功能区段分隔开，并保持足够的安全距离。采用加油车给飞机加油的飞机场，在使用油库与站坪间应有便捷的道路相通，通行运油车的道路应与通行旅客车辆的道路分开，并避免交叉。

7. 机务维修区的布置

机务维修区的布置包括飞机库、维修车间、修机坪、三站（制氧站、制氢站、压缩空气站）和机务外场工作间。机务维修区的规模和构成取决于飞机场机务维修规模及任务。飞机库及修机坪应布置在与旅客航站、货物航站相隔一定距离处。承担航线飞机检修的飞机场只设机务外场工作间及少量维修车间，它们的位置宜靠近停机坪。

---

① 刘桦，魏全斌，刘忠. 航空基础概论［M］. 成都：四川教育出版社，2008.

8. 消防急救中心的布置

消防、急救站的位置须尽可能靠近飞行区，并与飞行区间设有直接、方便的道路，在最佳能见度和地面条件下，从消防站开出的消防车到达飞机场上的任何出事地点的时间不能超过 3min，在有道面的地段争取不超过 2min。为此，在有两条或多条跑道的大型飞机场，须布置两个或几个消防站，从消防站的观察控制室应能瞭望到飞机场飞行区里飞机活动情况。救援中心通常和飞机场消防站布置在一起。

9. 道路的布置

道路的布置应结合城市规划的道路网布置进场道路，尽量把通往旅客航站的车辆和其他服务车辆分开；通往各功能区的道路和各区段间的连接道路应综合布置；结合飞机场的围界布置巡逻道路。

第三节　国内主要空港数据及机场三字代码

本节主要论述国内主要空港数据及机场三字代码，其主要内容包括机场概况、机场布局分析、重要机场简介以及国内主要机场三字代码。

一、机场概况

新中国成立以来，在一些大城市已相继建立了具有现代化水平的航空港，但是大多数航站的规模较小、设备较差、吞吐量有限。

中国的民航运输机场按其服务的航线和规模，大致可分为以下三类：

①第一类是联结国际国内航线的大型枢纽机场，如北京首都机场、广州白云机场和上海虹桥机场，这三个机场也是我国主要的国际门户机场；

②第二类是以国内航线为主，空运量较大的国内干线机场，此类机场的依托城市多为行政中心、旅游中心、贸易中心、开放城市或交通枢纽；

③第三类是地方航线或支线机场，此类机场多分布于地面交通相对闭塞的地区，机场规模一般较小、等级也较低，有定期航班与干线机场相连。

广州、北京、上海三个城市的大型枢纽机场的旅客吞吐量之和占全国的 53.7%。旅客吞吐量在 1 万人次以下的机场有佳木斯、秦皇岛、赤峰、汉中等 27 个地方的二线机场，它们的旅客吞吐量仅占全国的 0.5%。

1 万~10 万人次的有太原、呼和浩特、湛江、喀什等地区的 26 个机场，它们的旅客吞吐量之和约占全国的 3.3%。50 万~125 万人次的机场有桂林、成都、昆明、南京、沈阳、厦门、杭州、西安等地区的机场，这 8 个干线机场的旅客吞吐量之和占全国的 25%。吞吐量在 l0 万~50 万人次的有武汉、乌鲁木齐、福州、重庆、海口等地的 19 个机场，它们的旅客吞吐量之和占全国的 17.6%。

由此可见，绝大部分空运量集中在少数枢纽和干线机场，而多数航站的空运量很小。全国 96.2% 的旅客吞吐量集中在 10 万人次以上的 30 个机场，它们当中除乌鲁木齐和拉萨之外均分布在我国东南部。其中旅客吞吐量在 50 万人次以上的大中型枢纽机场都在我国的东南部。北京、广州、上海三个大型枢纽的旅客吞吐量占全国的一半以上，它们之间的三角区内，机场航线密集、航班密度大。其余 50 多个机场旅客吞吐量均在 10 万人次以下，大多分布于新疆、甘肃、云南、内蒙古等边远省区以及东南部的支线上。这些地区经济水平较低，交通相对闭塞。从全国的机场密度分布来看，有从东南向西北递减的趋势。

二、机场布局分析

我国民航运输机场的布局与全国交通运输的布局、全国经济发展的地区差异是吻合的，与空运市场布局也是基本吻合的。这说明目前我国机场的分布基本上是合理的，机场分布的不平衡是许多国家航空运输所具有的共性。多数发达国家的机场也集中分布在沿海的经济重心区，而且空运量也集中于少数大型航空枢纽，大多数机场的空运量相对较小。因此机场布局与经济发达的地区差异相吻合，这是航空运输发展的规律之一。在一定条件下，机场分布的不平衡是合理的。

从目前的机场分布与机场容量状况分析，我国与空运较发达的国家相比较，仍有很大的差距，且与我国航空运输的发展情况不相适应。

相比世界上许多大型机场来说，我国的机场规模较小，容量有限。针对我国目前机场布局的现状，应尽快制定和完善全国机场建设的总体规划，对国际门户机场、干线机场、地方航线机场的数量、规模统筹安排，加强布局的宏观调节。在近期规划中，应适当留有发展的余地，对每一个机场的建设进行可行性研究，尽量避免一扩再扩的重复施工或投资过大的不合理现象，使我国的机场布局趋于完善。

由国务院民用航空主管部门会同国务院其他有关部门制定全国民用机场的布局和建设规划，并按照国家规定的程序，经批准后组织实施。省、自治区、直辖市人民政府应当根据全国民用机场的布局和建设规划，制定本行政区域内的民用机场建设规划，并按照国家规定的程序报经批准后，将其纳入本级国民经济和社会发展规划。民用机场建设规划应当与城市建设规划相协调。新建、改建和扩建民用机场，应当符合依法制定的民用机场布局和建设规划，符合民用机场标准，并按照国家规定报经有关主管机关批准并实施。不符合依法制定的民用机场布局和建设规划的民用机场建设项目，不得批准。新建、扩建民用机场，应当由民用机场所在地县级以上地方人民政府发布公告。

三、重要机场简介

我国重要的机场包括北京首都国际机场、广州白云国际机场、上海虹桥国际机场等。

（一）北京首都机场

首都国际机场位于北京东北部，距市区 25km。它是我国地理位置最重要、规模最大、设备最齐全、运输生产最繁忙的大型国际航空港。北京首都国际机场不但是中国首都北京的空中门户和对外交往的窗口，更是中国民用航空网络的辐射中心。它是我国目前规模最大的航空港。

首都国际机场既是中国国际航空公司的驻地，也是我国最大的国际门户机场。

（二）上海虹桥国际机场、浦东国际机场

1. 上海虹桥国际机场

上海虹桥国际机场是上海第一个民用机场，历史悠久，它的前身是建于 1921 年 3 月的民国虹桥机场，抗日战争时期被日军占领，解放战争胜利后，上海重建了虹桥机场，此后一直作为军用机场，直到 1963 年，被国务院批准再次成为民用机场。过多年的扩建后，虹桥机场现已成为我国国际航空门户机场之一。

2. 上海浦东国际机场

上海浦东国际机场地处上海浦东新区机场镇、施湾镇、南汇县的祝桥镇、东海镇的濒海地带，距上海市中心约 30km，距虹桥国际机场约 40km。

2005 年 12 月 17 日，国家批准了上海浦东国际机场的二期扩建项目，此项目包括 3 条跑道、2 个航站楼等，并于 2015 年完工，旅客吞吐量达到了 8 000 万人次，可以说上海浦东国际机场已经成为上海航空枢纽港、亚太航空枢纽。

(三) 广州白云国际机场

广州白云国际机场位于中国广东省广州市北部，白云区人和镇和花都区新华镇交界处，于 2004 年 8 月 5 日正式启用。

广州白云国际机场于 1933 年夏季建成竣工，位于广州市白云区白云山西侧，最初的白云机场主要用于军事目的，后来才改建成民用机场。改革开放后，白云机场发展迅猛，其旅客吞吐量和起降架次曾经连续 8 年位居全国第一。但由于老白云机场位于市区中心，虽经过数次扩建仍远远无法满足需求，使用量也早已饱和。于是，新白云国际机场于 2000 年 8 月正式破土扩建。经过 4 年的建设，广州新白云国际机场于 2004 年 8 月 2 日落成，并于同年 8 月 5 日零时正式启用，同时为广州市民辛勤服务了 72 年的老白云机场也随之关闭。

(四) 珠海金弯机场

珠海金湾机场于 1992 年 12 月动工，1995 年 6 月通航，一期占地 5.2 平方千米。珠海金湾机场是一个现代化的航空港，机场为 ICAC 标准 4E 级，跑道长 4 000m，主着陆方向为 Ⅱ 类精密进近仪表着陆系统，次着陆方向为 Ⅰ 类精密进近仪表着陆系统。

(五) 福州长乐国际机场

福州长乐国际机场位于福州市东南方向长乐市在漳港镇的一块沙地，距离福州市中心约 55km。机场有一条长 3 600m、宽 45m 的跑道，和一条长 3 600m、宽 23m 的平行滑行道，水泥道面，飞行区等级为 4E。它既是福建省福州市主要的国际机场，也是厦门航空公司的基地机场。

福州长乐国际机场于 1997 年 6 月 23 日投入使用，为国内首座完全由地方政府自筹资金兴建的大型现代化航空机场。

(六) 厦门高崎国际机场

厦门高崎国际机场位于美丽的海上花园——厦门岛的东北端，地处闽南金三角的中心地带，与宝岛台湾隔海相望，三面临海，环境优美，净空条件优越，具有良好的区位优势。

厦门高崎国际机场航线遍及内地及港澳地区、东南亚、韩国、日本、美国和欧洲，是华东地区重要的区域性航空枢纽。

（七）桂林两江国际机场

桂林两江国际机场位于广西桂林市西南方向的临桂县两江镇，距市中心约 28km，面积 406 公顷。

桂林两江国际机场是国家"八五"期间重点工程项目，总投资 18.5 亿元。1991 年 9 月，经国务院、中央军委正式批准立项，于 1993 年 7 月开工建设，1996 年 10 月 1 日建成通航。

（八）天津滨海国际机场

天津滨海国际机场始建于 1939 年 11 月，前身为天津张贵庄机场。天津是中国最早兴办民航运输的城市之一，1950 年 8 月 1 日中华人民共和国第一条民用航线从这里起飞。该机场同时还担负起新中国专业飞行和技术人才培养的任务，被誉为"新中国民航的摇篮"。1974 年，天津机场被确定为首都机场的备降机场。1996 年 10 月，被升格为国际定期航班机场，后更名为天津国际滨海机场。2002 年 12 月加入首都机场集团公司。

天津滨海国际机场位于天津东丽区，距天津市中心 13km，距天津港 30km，距北京 1.34km，南至津北公路，西至东外环路东 500m，北至津汉公路及京津高速公路，东至京津塘高速公路。天津滨海国际机场不仅是北京首都国际机场的固定备降机场和分流机场，同时也是国内干线机场、国际定期航班机场、国家一类航空口岸。它是中国主要的航空货运中心之一。

由于地理位置优越，滨海国际机场具有较强的铁路、高速公路、轨道等综合交通优势，基础设施完善，市政能源配套齐全。天津滨海国际机场代理国内外客货运包机业务，并提供一条龙服务。同时为各航空公司提供地面代理业务。机场基地航空公司有中国国际航空股份有限公司天津分公司、中国新华航空公司、中国东方通用航空有限公司、奥凯航空有限公司①。

（九）武汉天河国际机场

武汉天河国际机场为 4E 级机场，是在国际民用航空组织（International Civil Aviation Organization，ICAO）备案的定期航班国际机场，是华

---

① 刘桦，魏全斌，刘忠. 航空基础概论［M］. 成都：四川教育出版社，2008.

中地区的航空运输枢纽。目前，国家已确定在天河国际机场建设航空货运、邮政、快运中心和中南地区第二大飞机维修基地。良好的发展机遇、特有的区位优势、齐全的机场功能将促使天河国际机场成为航空客货集散中心。

（十）　杭州萧山国际机场

杭州萧山国际机场是国内重要干线机场、重要旅游城市机场和国际定期航班机场，也是上海浦东国际机场的主备降机场。机场位于钱塘江南岸，距杭州市中心27km。

机场工程按照"一次规划、分期建设"的原则，分近、中、远三期实施建设。1997年7月，机场工程正式动工。2000年12月30日，新机场建成通航运营。2003年9月，国务院批复同意杭州航空口岸扩大对外国籍飞机开放。2004年3月，杭州航空口岸通过国家验收正式扩大对外国籍飞机开放。萧山国际机场环境优美，绿化率高达40%，成为国内"绿、美、特、秀"的园林式机场。

（十一）　南京禄口国际机场

南京禄口国际机场位于江苏省南京市东南部，距南京市中心直线距离为35.8km。南京禄口国际机场于1995年2月28日正式开工，并在1997年7月1日香港回归祖国之日正式通航。同年11月18日，经国务院批准，南京禄口国际机场对外国籍飞机开放。

南京禄口国际机场是中国重要的干线机场，是华东地区的主要货运机场，与上海虹桥国际机场、浦东国际机场互为备降机场。

南京禄口国际机场2006年航班起降6.44万架次，旅客吞吐量626.9万人次，货邮吞吐量15.2万吨，旅客吞吐量排名全国机场第15位，货邮吞吐量排名全国机场第10位[①]。

（十二）　成都双流国际机场

成都双流国际机场位于川西平原中部，距四川省成都市中心西南约16km，是我国西南地区重要的航空枢纽港和客货集散地。现有民航西南管理局、中国国际航空股份有限公司西南公司、四川航空股份有限公司等20多个民航和口岸单位驻扎，有高速公路与市区相通。

该机场原名双桂寺机场，1938年修建，道面为泥面，供小型双翼飞

---

① 刘桦，魏全斌，刘忠．航空基础概论［M］．成都：四川教育出版社，2008.

机起降；1944 年扩建，跑道长 1 400m，用石灰、卵石拌和碾压，可供 15t 以下的飞机使用。

1956 年 12 月 12 日，中央军委总参谋部批准将双桂寺机场划归民航使用，随即正式列为民航机场序列，并更名为"成都双流机场"。

未来，成都双流国际机场将大力加强机场作为西南地区枢纽机场的功能和地位，以其更加优美的环境、更加完善周到的服务、更加现代化的设施迎接八方来客，努力成为中国西部面向世界的重要空中门户。

（十三） 重庆江北国际机场

重庆江北国际机场位于重庆市郊东北方向 21km 渝北区两路镇，是西南地区三大航空枢纽之一，其率先在西部地区开通直飞欧洲的航线。机场为 4E 级民用机场。混凝土跑道一条，长 3 200m，宽 45m。一期工程按设计年旅客吞吐量 100 万人/次、候机楼高峰小时旅客流量 800 人/次，占地面积为 4 500 亩（1 亩＝666. 67 平方米），于 1990 年 1 月正式建成并投入使用，二期工程于 2004 年 12 月 12 日正式运行。重庆江北国际机场 2007 年旅客吞吐量已经达到了 1 036 万人次，位列国内机场的第 10 位。

（十四） 西安咸阳国际机场

西安咸阳国际机场是 1984 年经邓小平同志批准建设，并于 1991 年 9 月 1 日投入运营的国家一级民用机场。机场位于陕西省西安市西北、咸阳市东北面的黄土塬上，经机场专运线至西安市中心 47km，距离咸阳市 13km。场区占地 500 公顷，地势平坦，净空良好。

西安咸阳国际机场是我国重要的国内干线机场、国际定期航班机场和区域性中心机场。

（十五） 昆明巫家坝国际机场

昆明巫家坝国际机场位于昆明东南部，是中国最重要的国际口岸机场和全国起降最繁忙的国际航空港之一，是中国西南地区门户枢纽机场。

（十六） 沈阳桃仙国际机场

沈阳桃仙国际机场是国家一级干线机场，东北地区航空运输枢纽，地理位置优越，为辽沈中部城市群 2 400 万人口的共用机场。以机场为中心，距沈阳市中心 20km，距离抚顺、本溪、鞍山、铁岭、辽阳、营口等城市均不超过 100km，并通过高速公路与各城市形成辐射连接。

（十七）海口美兰国际机场

海口美兰国际机场位于海南省海口市，距海口市区 2.7km。美兰国际机场是国内干线机场，占地面积 583 公顷，飞行区等级按国际民航组织制定的 4E 级标准修建，可满足波音 747-400 等大型飞机的起降要求。跑道配备世界先进水平的二类助航灯光系统，通信导航设备二类仪表着陆系统，其他航管及机场服务设施也达到了国际先进水平。

（十八）三亚凤凰机场

凤凰机场位于海南省三亚市中西北部的羊栏镇凤凰村，东距三亚市中心约 14km，西距天涯海角旅游风景区 5km。2006 年三亚凤凰机场正式投入使用。

三亚凤凰机场正逐步发展成为南中国海的飞行中转、备降枢纽，并为广大客户营造良好的经营环境和广阔的市场空间。三亚凤凰机场将以航空旅游市场的繁荣发展和重要的航空运输枢纽地位，成为世界尤其是亚太区域新的亮点。

（十九）景洪西双版纳机场

景洪西双版纳机场位于云南景洪市的西南，直线距离距市中心约 5km，机场于 1987 年 12 月 1 日动工兴建，1990 年 4 月 7 日正式投入使用。景洪西双版纳机场有通往大理、丽江、上海、郑州、天津、成都、重庆等主要城市的国内航线，还有至曼谷的国际航线。

（二十）乌鲁木齐地窝铺国际机场

乌鲁木齐地窝铺国际机场位于新疆维吾尔自治区乌鲁木齐市郊西北地窝堡，距市区 16km。乌鲁木齐机场原为中苏民用航空机场，1970 年 7 月经国务院批准进行扩大规模修建。1973 年建成并对外开放，它是中国五大门户机场之一。

乌鲁木齐地窝铺国际机场是国家民用一级机场，始建于 1939 年。从 1950 年至今经历了数次的扩建和续建。20 世纪 80 年代初乌鲁木齐地窝铺国际机场曾跻身于全国四大国际机场之一。目前，乌鲁木齐地窝铺国际机场已成为我国西部重要的枢纽机场之一，飞行区等级为 4E，承担着新疆境内 10 个机场的中转任务，共开辟航线 113 条，其中国内航线 99 条，国外航线 14 条，与北京、上海、广州、香港、伊斯兰堡、莫斯科等 60 个大中城市通航。先进的机场设施、独特的区位优势和热情周到的服务吸引了国内外 14 家航空公司在乌鲁木齐地窝铺国际机场运营①。

四、国内主要机场三字代码

常用的代码包括三字名代码、航空公司两字代码以及其他常用代码等。

（一）全国重要城市机场三字名代码

如表 5-3-1 所示是全国重要城市机场三字名代码。

表 5-3-1　全国重要城市机场三字名代码（港澳台除外）

城市名	代码	机场名	地区	城市名	代码	机场名	地区
阿克苏	AKT	红旗坡	新疆	阜阳	FUC	西关	安徽
阿勒泰	AAT	阿勒泰	新疆	福州	FOC	长乐	福建
安康	AKA	安康	陕西	赣州	KOW	黄金	江西
安庆	AQG	大龙山	安徽	格尔木	GOQ	格尔木	青海
宝山	BSD	宝山	云南	广汉	CHN	广汉	四川
包头	BAY	包头	内蒙古	广州	CAN	白云	广东
北海	BHY	福成	广西	桂林	KWL	两江	广西
北京	PAK	首都	北京	贵阳	KWE	龙洞堡	贵州
长春	CGQ	大房身	吉林	哈尔滨	HEB	太平	黑龙江
黄岩	HYN	路桥	浙江	哈密	HMI	哈密	新疆
长海	CNI	长海	辽宁	海口	HAK	美兰	海南
长沙	CSX	黄花	湖南	梅县	MXZ	梅县	广东
长治	CIH	长治	山西	牡丹江	MDG	海浪	黑龙江
常州	CZX	奔牛	江苏	海拉尔	HLD	东山	内蒙古
朝阳	CHC	朝阳	辽宁	杭州	HCH	萧山	浙江
成都	CTU	双流	四川	汉中	HZG	西关	陕西
赤峰	CIF	赤峰	内蒙古	合肥	HFE	驼岗	安徽
台州	HYN	路桥	浙江	黑河	HEK	黑河	黑龙江

---

① 刘桦，魏全斌，刘忠. 航空基础概论 [M]. 成都：四川教育出版社，2008.

续表

城市名	代码	机场名	地区	城市名	代码	机场名	地区
重庆	CKC	江北	重庆	衡阳	HNY	衡阳	湖南
大连	DLG	周水子	辽宁	和田	HTN	和田	新疆
达县	DAX	达川	四川	黄山	TXN	屯溪	安徽
丹东	DDG	浪头	辽宁	西昌	XIC	青山	四川
敦煌	DNH	敦煌	甘肃	齐齐哈尔	NDG	三家子	黑龙江
恩施	ENH	恩施	湖南	上海	SHA	虹桥	上海
嘉峪关	JGN	嘉峪关	甘肃	汕头	SWA	外砂	广东
吉林	JIL	二台子	吉林	荆州	SHS	沙市	湖北
晋江	JJN	晋江	福建	沈阳	SHE	桃仙	辽宁
喀什	KHG	喀什	新疆	洛阳	LYA	洛阳	河南
库车	KCA	库车	新疆	九江	JIU	庐山	江西
库尔勒	KRL	库尔勒	新疆	泸州	LZO	泸州	四川
昆明	KWG	巫家坝	云南	芒市	LUM	芒市	云南
兰州	LHW	中川	甘肃	西安	SIA	咸阳	陕西
拉萨	LXA	贡嘎	西藏	南昌	KHN	昌北	江西
丽江	LJG	丽江	云南	南充	NAO	高坪	四川
连云港	LYG	白塔埠	江苏	温州	WNZ	永强	浙江
呼和浩特	HET	白塔	内蒙古	武汉	WUH	天河	湖北
吉安	KNC	吉安	江西	锡林浩特	XIL	锡林浩特	内蒙古
佳木斯	JMU	佳木斯	黑龙江	西宁	XNN	曹家堡	青海
南京	NKG	禄口	江苏	景洪	JHG	西双版纳	云南
贵阳	KWE	龙洞堡	贵州	徐州	XUZ	观音	江苏
南宁	NNG	吴圩	广西	延安	ENY	二十里铺	陕西
南通	NTG	兴东	江苏	延吉	YNJ	朝阳川	吉林
南阳	NNY	姜营	河南	烟台	YNT	莱山	山东
宁波	NGB	栎社	浙江	深圳	SZX	宝安	广东
且末	IQM	且末	新疆	石家庄	SJW	正定	河北
青岛	TAO	流亭	山东	思茅	SYM	思茅	云南

城市名	代码	机场名	地区	城市名	代码	机场名	地区
庆阳	IQN	庆阳	甘肃	太原	TYN	武宿	山西
秦皇岛	SHP	秦皇岛	河北	塔城	TCG	塔城	新疆
三亚	SYX	凤凰	海口	天津	TSN	滨海	天津
万州	WXN	五桥	重庆	潍坊	WEF	潍坊	山东
义务	YIW	义务	浙江	榆林	UYN	西沙	陕西
遵义	ZYI	遵义	贵州	张家界	DYG	荷花	湖南
湛江	ZHA	湛江	广东	昭通	ZAT	昭通	云南
郑州	CGO	新郑	河南	珠海	ZUH	珠海金湾	广东
武夷山	WUS	武夷山	福建	梧州	WUZ	长洲岛	广西
厦门	XMN	高崎	福建	宜宾	YBP	高坪	四川
宜昌	YIH	三峡	湖北	银川	INC	河东	宁夏
伊宁	YIN	伊宁	新疆	景德镇	JDZ	罗家	江西
锦州	JNZ	小岭子	辽宁	舟山	HSN	普陀山	浙江
大理	DLU	大理	云南	乌鲁木齐	URC	地窝铺	新疆
乌兰浩特	HLH	乌兰浩特	内蒙古	酒泉	CHW	酒泉	甘肃

（二）航空公司两字代码

如表 5-3-2 所示为航空公司两字代码。

表 5-3-2　航空公司两字代码

公司	代码	基地
中国航空集团公司	CA	北京
中国国际航空股份有限公司	—	北京
中国西南航空公司	—	成都
中国航空公司（浙江分公司）		杭州
中国东方航空集团公司	MU	上海
中国东方航空公司	—	上海
中国西北航空公司	—	西安
云南航空公司	—	昆明

公司	代码	基地
武汉航空公司	—	武汉
中国南方航空集团公司	CZ	广州
中国南方航空股份有限公司	—	广州
中国北方航空公司		沈阳
新疆航空公司	—	乌鲁木齐
海南航空股份有限公司	HU	海口
厦门航空有限公司	MF	厦门
上海航空公司	SF	上海
山东航空集团有限公司	SC	济南
深圳航空有限责任公司	ZH	深圳
四川航空股份有限公司	3U	成都

（三）其他常用代码

如表 5-3-3 所示为其他常用代码。

表 5-3-3　其他常用代码

名称	代码	名称	代码
儿童	CH 或 CHD	婴儿	IN 或 INF
成人	AUD	学生	SD
教师	DT	无人陪伴儿童	MU
重要旅客	VIP	给行李买票	CBBG
担架旅客	STCR	多占座位	EXST
特殊旅客	SP	轮椅旅客	WCTS
素食	VGML	清真餐	MOML
犹太餐	KSML	糖尿病人餐	DBML
印度餐	HNML	儿童餐	CHML
婴儿餐	BBML	无盐餐食	SOLTFREE/FATFREE
溃疡病人餐	ULML		

第六章 航空理论文化与实践文化

航空文化是人类在长期实践过程中创造出来的且与航空活动相关联的物质与精神财富的总和。为了更好地帮助读者多角度、全方位地理解航空文化的外在表现与内在含义，本章节将从理论与实践这两大基本思路出发，对航空文化进行综合论述以及文化实践的现状分析。

第一节 航空的理论文化

航空物质文化是以物质为载体的航空文化，它与航空价值文化之间相互关联、相互影响和相互作用。根据物质第一性原理，航空物质文化是航空价值文化的基础。航空物质文化是航空物质生产活动方式与航空产品的总和，它是可被人类感知且具备物质实体的航空文化事物。本节将从物质文化的理论基础出发，从航空器、航空文物以及航空场馆等多个具体论述航空物质文化的发展历程。

一、航空的物质文化

航空物质文化不仅具有航空文化的一般属性，而且还具备自己独特的文化内涵、基本特征以及文化功能。

(一) 航空物质文化的理论概述

1. 航空物质文化的基本内涵

(1) 物质文化的内涵

人类社会发展至今，物质文化始终是人类社会文化的基本组成部分，众多领域、学科的学者都对物质文化的具体内涵进行过界定。我国著名吴克礼在《文化学教程》中对物质文化的内涵做出如下界定："反映人与自然的物质转换关系的物质文化，是由'物化的知识力量'所构成，包括人类对自然加工时创制的各种器具，是可触知的具有物质实体的文化事物．即人们的物质生产活动方式和产品的总和。"① 上述对物质文化的定义不仅强调了物质文化是"人与自然"关系的反映，而且还指出了物质文化是"可触知的具有物质实体"的基本特征。

除了在文学领域的概念界定之外，在考古领域，物质文化的概念有所区别，它所指的是相对于自然事物而言的由人类手工制作成的各种事物的总和。可见，物质文化在考古领域是相对于自然事物而言的，可将其界定为人类创造的且能反映人类智慧的物质与物质生产方式的总称。

综上，物质属性与文化属性都归属于物质文化这个大范畴。物质并非文化，但却是文化的基本载体，同时也是文化的物质表现形式。因此，我们可将物质文化归纳为是以物质形式为载体的文化。

在人类上千年的悠久历史中，人类一直处于适应自然、征服自然的漫长过程之中，物质文化也在实践中得以产生与发展，其形式随着历史的向前而不断丰富。可见，物质文化源自人类自身与自然相互影响、相互作用的过程，在实践中得以创造，因此物质文化是包括了人类智慧的物质生产方式以及物质成果的总和。物质文化所设计的范围与内容非常广，人类为满足生产、生活与精神需要所创造出的物质产品是物质文化的基本内容，同时还包括了为提供物质生产、生活所采取的所有物质手段。简言之，物质文化就是从早期人类的衣食住行到当前现代技术的技术都可归属于物质文化，航空物质文化作为物质文化中的一种，自然也离不开人们的日常生活与科技的影响。

（2）航空物质文化的内涵

航空物质文化就是以物质形式为载体的航空文化，它具备物质文化的基本特征，它是人类社会在发展演变中被人工创造出来的与航空有关的，既可以被人类感知，也具备物质实体的一种特殊文化事物。因此，航空物质文化是航空文化的物质体现。

航空事业发展至今，数百年的时间足以让航空物质文化拥有丰富的文化内涵。无论是日趋尖端的航空技术，还是在发展过程中被创造出来的各种航空器，甚至是航空场馆、航空历史文物，都在航空物质文化的内容之内。事实上，航空模型、航空服饰、航空食物这些与航空工作人员有密切联系的事物也是航空物质文化的基本内容之一。上述这些与航空文化相关的事物正是不同物质形态下的航空物质文化，它是我们分析理解航空文化的基础。从航空物质文化的广泛内容，我们可从多方面去研究航空技术、

---

① 吴克礼．文化学教程［M］．上海：上海外语教育出版社，2002

航空业、航空文化的发展状况以及现代水平。

2. 航空物质文化的基本特征

航空物质文化包括了两方面的内容：物质文化的基本特征与航空文化的特殊属性。

（1）物质属性与文化属性

同物质文化一样，航空物质文化也具备物质与文化双重属性。物质属性体现在它承载着航空业发展至今积累下来的各种知识、思想、经验、成果的总和。从航空技术文化的角度来分析，航空技术的发展与人类长期以来的各种航空实践相关，无论是早期的探索还是当今现代航空器的大范围应用，航空科技文化都漫长的发展过程中得以进步、完善。因此，航空技术的发展的每一个重要阶段都含有人类对未知航空领域的理论探索以及无数航空人的实践努力。伴随着航空技术的进步，航空器也从未停下发展的脚步，人类的飞天之梦早已得到实现。航空梦想实现并不代表停止前进，航空技术发展的悠久历程与其包含的航空文化、航空精神也从未因技术的发展更新、航空人的更迭而消失殆尽。航空技术在具有物质实体的航空器中被完整地保留下来。

物质是物质文化的基本载体与表现形式，文化便成为物质文化的灵魂。航空文化自然也成为航空物质文化的重要内在。通过上文论述，我们可知航空器是航空物质文化的基本组成部分，它凝结了人类在航空领域的知识、思想、成果、精神和愿望等文化内容。当欣赏具有悠久历史的航空文化时，我们看到的不仅是当时先进的航空技术，而且还要能深刻了解航空业波澜壮阔的发展历史，细细品味航空文物所具备的深刻精神文化。

（2）历史性与时代性

航空文化紧紧跟随航空技术以及航空业的发展而不断以物质的基本形态被人类创造、继承、积累下来。航空物质文化的形式与内容也日渐扩大。与航空事业一样，航空物质文化的发展历程也是一个不间断从低级逐步走向高级的成长过程。

例如，18世纪末出现的人类首个航空器——热气球；19世纪多应用于军事领域的飞艇；20世纪发明的现代航空器原型——飞机，无人机、隐形飞机的诞生。这些航空成就都反映了航空物质文化的发展过程。从早期的航空，再到如今的航天、航空技术的迅速提高，航空知识的日积月累，航空器形式与内在的更新换代。可以说，形式各样的航空器都反映着不同历史阶段的航空文化。从航空发展历史的整体角度来看，航空物质文化展现出连续性与进步性的内在特征。

航空物质文化的时代特征，也是物质文化的基本特征之一。航空物质文化是出现于某一特定历史时期并且以物质的形式被保留、传承下来的，深刻凝结着特定历史时期的航空理论与航空精神。因此，不同历史阶段的航空物质文化被深深烙上了时代的印迹，如世界大战时期的航空文物在众多方面还留存战争留下的烙印。

（3）创新性与传承性

物质是航空物质文化的基本表现形式，航空物质文化的核心便是物质文化所包含的精神与价值。航空文化发展至今，创新始终是航空文化的核心价值。在航空技术的引领下，得以不断发展的航空物质文化也具备创新性。正如人类早早就梦想着飞上天际，但真正实现只在 200 多年前。航空技术的发展需要经过不同的历史阶段，从仅在高空中短暂停留到现在人类可顺利完成载人航天的艰难任务，航空技术的发展速度远远超出我们的预期，相信在不久的将来，现在无法实现的航天梦想终有一天会实现。

当我们走进航空博物馆时，可以看到现代航空业所包含的丰富内容，如机体材料、发动机技术、航空电子系统等，这些覆盖众多学科领域的高新技术给参观者一种别样的震撼。与此同时，航空技术飞速的发展，更让人不禁感叹技术的创新与传承到底给人类社会带来了无可衡量的发展空间。历代航空人发挥创新精神带给航空技术强大的发展动力，现如今，创新精神已成为当代航空人共同的价值观。航空物质文化始终传承了航空业的积极探索、不断进取、创新与奉献的精神，这份精神又通过历代航空人传递给当代航空人，从而成为航空物质文化中重要的组成部分。航空精神依旧不停鼓舞着具有航天梦想与创新精神的人们积极献身于航空事业。

3. 航空物质文化的基本功能

航空物质文化的基本功能体现在如下几大方面：

（1）展示航空技术与航空业的发展进程

航空物质文化不仅体现在航空物质产品上，还体现为凝结在航空物质生产活动中的文化，而航空物质生产活动中的文化实质上是指有关航空物质生产的知识、经验、成果、方式、条件等的综合，因而在一定程度上能够更好地反映出航空技术和航空业发展的水平和实力。

结合上文所述，我们可知航空物质文化深刻体现了航空技术与航空业日新月异的发展。航空物质文化所具备的基本特征——历史性与时代性，在技术不断进步完善的过程中得以充分展现。航空物质产品也在航空技术的推动下被大量创造出来，用于发展现代航空业。同时，不同时期、形式各异的航空物质产品也直接反映了航空技术与航空业的发展进程。

由此可见，航空物质文化体现在两个方面：一方面为航空物质产品本身；另一方面则为凝结在航空物质生产活动中的文化。从本质上来看，航空物质生产活动中的文化指的是与航空物质生产相关的所有知识、经验、成果、方式、条件等抽象存在的统一体。因此，航空物质文化深刻反映出当代航空技术与航空业发展的实力与水平。

（2）促进航空文化与航空文化产生的繁荣发展

航空文化是航空物质文化的核心所在。但是，我们也不能忽视物质载体对文化传承发展的重要性。如果没有物质的基本表现形式，抽象的文化也无法借助具体事物表现出现。所以航空物质文化是航空文化传承、发展以及繁荣的基础。航空物质文化具备的传承性，既可以借助言传身教的传统形式得以传递、表现，也可以成为传播航空创新精神的重要媒介。

与此同时，众多传承发展至今的航空物质文化成果以及物质生产方式已经成为航空文化产业的重要的文化发展资源，如航空工业企业旅游、航空博物馆参观游览等，这些文化资料已成为航空文化产业中的重要的发展源泉。无可置疑的是，航空物质文化所蕴含的精神特征，如自由、创新、进取、奉献等，在当今也成为航空文化产品吸引消费者的重要文化内容。

（3）有益于培育创新精神以及教化育人

教育是文化传承的重要形式，而航空物质文化也具备教化育人的基本功能。我们知道航空物质文化所具备的基本特点，如历史性、时代性、创新性，这些特征不仅体现了教化育人的基本功能，而且还可培育当代航空人的创新精神。

航空物质文化产品既可以把先进的航空技术、航空理论知识等概念理论教授于民，在帮助人们理解掌握航空技术与航空业的发展历史的同时，不断提升人们的航空知识素养，还可以在航空物质生产生活中潜移默化地培养人们的创新精神，继而有效推动社会的进步，促进当代人们正面向上的价值观的形成。

航空物质文化的教育较为特殊，它是一种生活化的教育。教育重在积极引导与潜移默化的影响，它的过程非理性而是感性的教授过程。因此，在航空物质文化发挥教化育人的功能时，这个过程的教育者与受教育者都会在航空物质文化构建的感性氛围中，得到航天精神的熏陶。

（二）航空器的产生与发展

技术的发展推动着人类社会的不断进步，曾是人们头脑中的想象，如今也可实现。早期人们飞天的梦想被落后的技术所束缚，无法实现。但是，人们始终没有放弃实现飞行梦想的可能性，从我国古人发明的风筝，到近代可载人的热气球、飞机，再到当代可载人进入宇宙的航天飞船，人类的飞行梦想在一步一步实现。航空器的产生与发展正是展现了人类逐步实现飞天梦想的漫长历史。

1. 航空器的发明

（1）热气球

人类载人飞行是从 18 世纪末期诞生的热气球开始的。热气球的发明者是法国的一对兄弟，他们本是造纸商，一次偶然燃烧白纸的时候，发现燃烧中的纸屑会从火炉中逐渐向上升起。这对兄弟从这个现象中得到了启发，决定使用纸袋汇聚一定的热气，在实验过程中，他们发现纸袋会随着热气流不断向上飘，于是这对兄弟决定在世人面前展示他们的发现。在 1783 年的 6 月 4 日，这对兄弟在一个著名的广场进行演示，他们成功地在众人面前使一个圆周为 110 英尺（1 英尺 = 0.3m）的模拟气球从地面升起，升起的原理就是以热量带动气流向上。他们选择用糊纸的布作为气球的材质，之后用扣子缝好接缝。气球的下面是一些稻草与木材，当这对兄弟将稻草与木材点燃后，上面的气球开始缓慢升起，居然还飞行了足足 1.5km。这给观赏者带来了极大的冲击。随后，这对兄弟还把一些牲畜放在气球上，使它们成为天空中的游客。这对兄弟带来的表演受到了世人的欢迎，到了 1783 年的 9 月，这个轰动一时的气球表演在巴黎凡尔赛宫，国王、王后、宫廷大臣和 13 万巴黎市民面前正式开演，引起了极大的反响。同年的年末，这对兄弟在巴黎穆埃特堡进行了世界上首次载人空中航行，即热气球载人表演，这时的热气球的飞行时间已经扩大到将近半个小时，飞行距离也更远了，甚至飞越了半个巴黎。热气球载人飞行的时间远比莱特兄弟的飞机飞行的时间要早一百多年。

（2）飞艇的发明

飞艇的产生其实是以热气球为基础原型的，它是一种轻于空气的原始航空器，它的进步性在于具备了推进以及控制飞行状态的装置。人类历史上第一艘飞艇源自法国工程师吉法尔。这艘诞生于 1852 年的飞艇，长 44m，直径 12m，形状为橄榄形，为了控制方向，吉法尔在软式气囊下设置了一个三角形的风帆，同时还在吊篮内安装了一台只有 3 马力的蒸汽发动机驱动与一副 3 叶螺旋桨，以便推动飞艇飞得更远。同年 9 月，吉法尔乘坐他亲手制作的飞艇，从巴黎的马戏场起飞，并且成功降落到了距出发地 28km 外的德拉普，飞艇时速为 8km。随着工业革命的进行，内燃机开始被大规模使用，加上内燃机的飞艇就拥有了更为轻便、安全性更强、效果更高的新型动力装置。

刚诞生不久的软式飞艇有无法弥补的缺陷，即气囊需要充气的压力才可保持原形，因此早期的飞艇无论是速度还是高度都很低。直到1890年，一名退役的德国陆军中将决定改善早期飞艇，开始研制新型飞艇。他巧妙地选择了铝制材料作为飞艇的整个骨架，这样一来，气囊就可以一直保持基本的形状，飞艇的速度与高度都得以提升。与此同时，退役中将还在气囊内装入很多个分隔的小气囊，于是人们最为关注的飞艇的安全性也得到了提高。在1900年的夏天，退役中将创造的第一架新型飞艇正式开启它的"高空之旅"，这艘飞艇长128m，直径为11.7m，形状为雪茄型。这艘飞艇比起吉法尔的飞艇在推动装置以及控制方向的装置上都有了一定的进步，首先飞艇内部安装了2台足足有16马力的内燃发动机，而后安装了专用的方向舵与升降舵。于是人类历史上第一艘硬式飞艇便诞生了。

飞艇迅速发展的时期刚好是第一次世界大战时期。参战国家都不约而同地选择飞艇来执行军事任务，如英法两国将飞艇用于执行反潜巡逻任务；德国尤为重视飞艇，甚至成立了专门的飞艇军队，将其用于海上巡逻、远程轰炸、空运等多项军事任务中。但是，飞艇速度慢、行动笨拙、不易防守的特征在军事活动中被暴露出来，后来就逐步被发展的飞机所代替。

虽然飞艇现在已不再用于军事活动，但是飞艇依旧可用于商业活动。例如，20世纪初期，德国制造了名为"兴登堡"号的大型商业飞艇，这艘飞艇长245m，直径超过41m，质量高达206t，曾数次往返于德美两国，乘坐旅客多达上千人。但是，后来发生的飞艇失事惨剧让商业飞艇的发展进行了长期停止的阶段。

（3）飞机的诞生

飞机的诞生应该是大家耳熟能详的故事了，它的发明者为著名的莱特兄弟。1903年12月17日，莱特兄弟成功进行了人类首次有动力、可操纵的持续飞行试验。在这次飞行过程中，飞机的距离为260m显然无法得到政府的重视与世人的认可。

在这次飞行活动后，短短几日，由兰利自主研制的一架飞机在试飞试验中发生事故，这次飞行失事直接影响了飞机的发展。人们开始对莱特兄弟研制飞机的行为表示激烈的抗议，甚至进行了人身攻击，人们认为研制飞机就是在浪费纳税人的钱财。莱特兄弟在激烈的反抗声中，迷茫无助，甚至冒出了与飞机至此告别的念头。但是，经过内心的挣扎与现实的思考后，莱特兄弟决定收拾心情，重新开始飞机的研制工作。因此，他们相信飞机研制工作是有巨大现实意义的，而且终会迎来被世人认可的一天。

于是，莱特兄弟开始将公开的研制工作变为秘密的试验工作。直到

1905 年，莱特兄弟终于制造出可在天空中停留长达半个小时的飞机，虽然莱特兄弟有意将这架飞机赠于政府，但当时的政府对研制飞行的行为仍处于怀疑与否认的态度，没有接受这架飞机，从而使莱特兄弟失去了继续研制飞机的斗志，最终只得无奈中止了研制飞机的工作。

（4）直升机的诞生

直升机的原型其实就是我国传统的工艺品——竹蜻蜓。它的产生至今已有 2000 多年的历史了。但是，真正将这种想法转变为人类飞天实践的还是西方的发明家。其实，早在 15 世纪，伟人达芬奇就已经设计出了如同螺杆一样的直升机，但是仅停留在二维层面，并没有将其转换为产品。

直到 1796 年，第一架用发条作为动力且可以成功飞行的直升机在英国诞生。46 年后，一架用蒸汽机作为动力的直升机模型同在英国诞生，这架直升机模型质量仅有 9kg。到了 20 世纪初，法国发明家终于制造出了人类历史上第一架载人的直升机，它的发动机为一台 24 马力的汽油机，旋翼的转速为每分钟 90 转，旋翼下面设置了的"舵面"，可供直升机具备前进的推力，而且还可以进行飞行方向的有效控制。但这架直升机也有一定的缺陷，如飞行的速度很慢，整个飞行能力比较差等。

（5）无人机的诞生

无人机的全称为无人驾驶飞机，是利用无线电遥控设备和自备的程序进行装置操纵的不载人飞机。在 20 世纪初期，人类历史上第一架无人机诞生于无人机研制进程最快的资本主义强国——美国。早在 1939 年美国就已经开始研制无人靶机，并成功研制出"火蜂"系列与"Chukar"系列的无人靶机。

从技术的角度来看，无人机可分为这几类：无人直升机、无人固定翼机、无人多旋翼飞行器、无人飞艇、无人伞翼机等。从具体的应用领域来看，无人机又可分为军用无人机和民用无人机。其中，军用无人机还可分为侦察机与靶机。目前，民用无人机的发展速度更为惊人，尤其是在航拍、农业植保、测绘等多个领域，无人机都大大施展了它的能力，并且在多个领域实践中都得到进一步的发展。

（6）隐形飞机的诞生

隐形飞机是当代研制出来的新兴飞机，它主要用于军事活动。隐形飞机的研制目的是躲避现代雷达的侦察。为此，人们通过研究仿生学，并且选择最为先进的技术与材质来实现让飞机"隐形"的目的。

从 20 世纪中期到 20 世纪末期，美国研制出来的 TR-1 型飞机、F-117"夜鹰"隐形战斗机、F-22 先进战术战斗机、A-12"复仇者"海军舰载隐形攻击机、F-117A 战斗机都向世界展示了其出色的军事战斗能力。

这些技术先进的战斗力的研发初心便是美国希望通过一种高效的方式来突破"对手"苏联全面严密的防空网。美国发现"高空"与"高速"这两种传统的方式都无法突破苏联以截击机、防空导弹和高炮联合组成的严密防空网之后,决定研制不会被雷达发现的隐形飞机。如此一来,在空中作战时,美国就可以利用隐形飞机先行攻击苏联的雷达设备、作战指挥中心等核心机构,之后轰炸机便会随之打开作战局面。于是,先进的 F-117 战斗机的战斗力应运而生。当然,也有人对美国率先研发隐形飞机的观点表示怀疑,他们认为第二次世纪大战时期德国研制的 ho229 战斗机才是世界上最早的隐形飞机,但因其设计图纸无处可寻,而唯一的原型机也在美国,因此,这种观点也没有确切的证据。当今隐形飞机的发展非常迅速,在隐形技术与反隐形技术之间的激烈碰撞、较量中,飞机的结构必定会发生改变,其性能也会在技术引领下得以优化。

(7)航天飞机的建造

太空梭或太空穿梭机,简称航天飞机。它是一种可以多次往返于宇宙太空与地面之间的先进航天器。从本质上来看,航天飞机并不属于飞机的范畴。因为,航天飞机具备多方面的功能:①把人造卫星等航天器送入太空,此功能与运载火箭重合;②在轨道上运行,此功能与载人飞船相似;③在大气层中滑翔着陆,此功能与滑翔机相同。由此可见,航天飞机具备了现代多种航空器的功能,成为人类自由出入宇宙的高效工具,从而成为人类航天历史上的一个重要的里程碑。

航天飞机诞生于美国,并且在美国得以飞速发展。1969 年 4 月,美国宇航局正式提出了一份意义重大的航天计划,也就是研制一种可多次使用的航天运载工具。航天计划提出后的第三年,美国政府终于正式把研制航天飞机空间运输系统列入计划,确定为航天飞机的设计方案。这个方案将航天飞机的结构确定为可回收重复使用的固体火箭助推器、不可回收的两个外挂燃料贮箱、可多次使用的轨道器。经过几年后,美国宇航局终于在 1977 年成功研制出一架"企业号"航天飞机轨道器,由波音 747 飞机背负进行了机载试验。同年 6 月,载人用飞机第一次进行飞天实验,航员海斯和富勒顿两人参与试飞。两个月后,载人飞机飞行试验圆满完成。四年后,第一架载人航天飞机亮相太空舞台。

2. 航空运输的出现与航空运输机的发展

(1)航空运输的出现

随着各种航空器的产生与发展,航空运输作为一种新兴领域正式成为推进社会发展的一门特殊行业。1909 年 11 月 16 日,人类历史上第一家商业性质的民航运输企业在德国创办。该公司在成立后的第二年便开始运营商业飞艇，并且向乘客收取相应费用以获得利润。到了第一次世界大战爆发前夕，这家民航运输企业在没有出现任何事故的情形下，成功运送乘客数万人，可以说这就是"航空公司"运营模式的雏形。虽然该公司一度因为第一次世界大战的缘故而暂停运营。但第一次世界大战结束后，公司就开始启用新型飞艇来开展大范围的客运活动，甚至在日后成为德国展现综合国力的重要标志。直到运输飞艇在 20 世纪初的美国失事，飞艇用于运输活动的主要工具的情况才得以打破，同时飞艇的研发也因此搁浅。

但是航空运输从未停止前进的步伐，1919 年，专项航空邮运服务开始在英国与比利时之间开展。同年 8 月，英国首都伦敦与法国首都巴黎两所世界发达城市之间也开通了专门用于运输乘客与货物的航线，机型为大战剩余物资 D. H. 4A 飞机。

1931 年，著名航空公司波音公司成功研制了一架具有现代化功能与造型的轰炸机 B-9，但却未能被军队采用。后来，波音公司以这架现代化的先进飞机 B-9 为基础成功研发了新型民用飞机，这就是 B-247。B-247 不仅具有新奇、优美的造型，而且还选择半硬壳机身，利用可收放式起落架的新技术，一经出世就获得了业界的关注。当时这架 B-247 就可运输乘客 10 余人，基本特征、性能也是遥遥领先。因此，B-247 也被世人公认为是世界第一架"现代化"的民航飞机。B-247 终于在 1933 年的 2 月，正式在空中亮相，一个月后正式投入联合航空公司营运。

（2）航空运输机的发展

航空运输机的发展离不开航空技术的支持，1950 年由英国研发的民航机"子爵式"被认为是世界上首次使用涡轮喷射技术的民航机。这架民航机共安装了 4 具涡轮螺旋桨发动机，通过涡轮喷射原理来转动螺旋桨，算是从本质上来看，它并不属于真正的喷射机。在民航飞机的发展历史上，真正的喷射客机其实是由英国研发的"彗星"式，该客机的翼根装有四台喷射发动机，而后在 1952 年的 5 月正式在伦敦—南非的国际航线中运用。

民航客机的发展到了 20 世纪中期，迎来了自身发展的高峰期。1954 年，波音公司成功研制出 Dash 80，这架民航客机是波音之后研发的 707 喷射客机的原型。Dash 80 在推动力上具有一定优势，外形方面，它大胆采用了大后掠角的机翼，在内部结构方面，客机上安装了 4 具普惠公司的 JT3 涡轮喷射发动机。波音 707 喷射客机兼具了 Dash 80 的推动力优势，同时在外形方面也有所改观，体型更小。上述这些民航客机在发展过程中逐渐具备了较成熟的机体外形，综合利用了当时先进的喷射发动机技术，它们成为美国民用航空业发展的重要物质基础。

提到民航客机，就不得不介绍"空中巴士"。这种新型的中短程宽机身客机是由英国、法国、德国三国政府商定合作研制的。政府将这辆空中巴士取名为 A-300，原因是这辆客机的目标载客量为 300 人。在 1970 年 12 月，世界上第一个空中巴士公司正式成立，其总部设立在法国南部的图鲁兹。该公司的第一个客机产品 A-300 于公司成立后的第二年得以研制成功并成功试飞，可以说这辆客机产品就是世界上第一种广体客机。虽然，这辆客机对日后民航事业的发展起到了推动作用，但是 A-300 自出厂起，销售量一直不高，市场需求量不足。直到 20 世纪 70 年代末，为了更好地节省成本，高性比价的 A-300 销售量终于开始上升，而它的第二个衍生产品 A-310 也趁机进入民航客机市场，现如今民航客机市场的两大巨头就是上述两者。

(三) 航空文物

航空物质文化源于长期的航空实践，同时它也是人类历史上航空领域的积累与沉淀。蕴含航空精神文化的航空文物未被历史长河湮没，而是被长期保留下来。航空文物不仅向观者呈现了航空物质生产活动，而且还为人们不断分析研究航空历史文化提供了机会。下面我们将重点介绍我国的航空文物。

1. 民航历史文物

(1) 我国最早的航空公司

分析研究我国航空公司的发展历程，就要从 1929 年 4 月开始说起，当时的民国政府为了推动民国航空事业的发展，从制度层面确定了发展的基本目标与方向，并且颁布《航空公司条例》。同年 5 年，我国历史上最早的航空公司终于在上海成立，公司名称为中国航空公司。该公司的资本总额为国币 1 000 万元，其中美方占股高达 45%。当时民国政府的铁道部部长兼该公司的理事长。中国航空公司成立不久，孙科就以理事长身份与当时美国著名的航空公司寇蒂斯·莱特公司签订了《中美航空邮务合同》《创办及经营航空学校工厂及航空运输公司合同》《空港金币借款合同》一系列合作事项。合同的重点内容如下：民国将开通沪汉线，即从上海出发，经过南京，最后到达汉口；京平线，即从南京出发，经过徐州、济南、天津等城市，最后到达北平；汉广线，即从汉口出发，经过长沙，最后到达广州。这三条重要的国内航空线，不仅对当时的民航运输产生的促进作用，而且还开创了我国利用外资办理民航事务的先河，在历史上，这次航线的开发又被命名为"前中航"。

（2）我国最早使用的民航飞机

我国的民航事业的发展源于民主主义革命时期。早在 1918 年，北洋政府交通部就已经开始计划、设立航空事宜处。这个机构就是我国民用航空管理机构的原型，同时它也是我国航空历史上第一个民用航空管理机构。为了更好地加强民国时期的运输能力，第二年，北洋政府就从欧洲列强英国处购买如下几种机型：两架爱弗罗小飞机以及六架汉德利·佩季型飞机。与此同时，政府还积极筹办成立了京津、京沪、京汉和张家口至库伦之间的几条重要民用航线。

随着民航事业的不断发展，北洋政府为更好地满足、适应需求。国务院特意批文成立了航空事务处，以便全方位、多领域地控制、管理全国上下大大小小的军民航空事务，而后被改名为航空署，同时大量购买了当时先进的民航客机。可惜，当时全国专业的飞机驾驶员人数较少，且可起飞也降落的机场也较少。

（3）我国第一条民航航线

我国历史上第一条民航航线为 1920 年开通的，由北京开往天津的重要航线"京汉号"。同年 4 月，"京汉号"试飞实验顺利成功，并在一个月后正式投入运营，这辆主要运载旅客与邮件的民航客机直接推开了中国民航发展的大门。1928 年，国民政府从欧美列强手中巨额购入了 2 架瑞安 B-5 型水路机，并且成功开通我国民航首条长途航线，具体路线为从广州大沙头出发最终降落在湖北武昌。而我国第一条国际航线由西南航空公司于 1936 年 7 月成功开通，具体航线为从中国广州出发，最终降落在越南河内。

（4）我国民航领域的第一家国际机场

广东广州石牌跑马场机场是我国民航领域的第一家国际机场，正因为该机场开辟了我国首条长途航线，顺其自然地成为我国第一家国际机场，如今的华南师范大学校园正是当年跑马场国际机场的所在地。

（5）我国民航首次载客、客货试航

1921 年 6 月，政府航空署成功开通了两条航线：京沪线以及北京到济南的航线。飞行使用的机型为大维梅型"大鹏号"飞机，由英籍飞行员巴德森·路易斯任正驾驶、中国飞行员任副驾驶，预测载客 3 人，出发地为北京南苑机场起飞，目的地为济南张庄机场，最终这次载客试飞获得了成功。

一个月后，政府航空署使用了新的机型——大维梅型"舒雁号"。正式对外启动了京沪线，即北京—济南的国内载客航段。这次载客飞行依旧是从北京南苑机场出发，最后降落在济南张庄机场。主驾驶员、副驾驶员与"大鹏号"试飞时的人员配置相同。此次载客数量上升，变为 7 名旅客及大量邮件包裹。此次飞行的时间为 2h，首次载客货飞行也得以圆满完成。

（6）官方航空机构

我国首个官方航空机构同样建立于辛亥革命时期。1919 年 1 月，政府的交通总长曹汝霖向总统建议交通部筹设航空事宜处。于是，航空事宜处就在同年三月于北京西安门内原陆军讲武堂内正式成立，该组织机构主要负责与海外航空公司签订购机合同、拟订航空条例草案、全国航线计划及外国飞机飞航区域等事宜。航空事宜处在此期间，成功订购了德国先进的商用飞机 6 架。航空事宜处在机构成立的第二年便开始拟定全国领域的航空线建设计划。因而，全国五大航空线：京粤线、京沪线、京蜀线、京哈线、京库线得以顺利开通。航空事宜处不仅成功试办了五大航线中京沪线与京济段试飞仪式，而且还在五大航线所经机场筹设了航站、预备站以及保安站。同年 3 月，政府交通部颁布《全国航空线路计划纲领》，规定筹办全国航空线路以便服务空中商务运输、邮递。在这份计划纲领中，航空线被分为重要干线 5 条，次要干线 12 条以及支线 8 条。

2. 航空军事文物

（1）我国历史上第一座机场

我国历史上第一座机场就是坐落于北京的南苑机场。该机场位于南四环路以南 3km 处。同时，南苑机场也是首都第一座军民合用的综合机场。

南苑机场的所在位置是古代明清时期皇家狩猎的处所。1904 年，我国历史上第一次在本土进行的技术飞机表演顺利完成，飞机机型为两架产自法国的小型飞机，表演地点就是南苑检阅场。为了发展航空业，清政府还在南苑创建了飞机修造厂，便于技术人员研制飞行。后来，清政府还在此修建了用于飞机起飞、降落的简易型飞机跑道。于是，同时具备了修造中心与起飞跑道的南苑检阅场正式成为我国历史上第一座机场。

（2）中国人民解放军第一个飞行中队

新中国成立前夕，中国人民解放军成立了第一支飞机中队，该中队的活动基地就在北京的南苑机场。至此，南苑机场正式成为首都郊区最为重要的军用大型机场。南苑机场归属于北京总军区管辖，肩上负担着保卫首都空域、保障领导首长的专用飞机的顺利起飞与降落。新中国首次国庆阅兵的空中编队也是从南苑机场起飞参与检阅的。除此之外，当时的南苑机场还承担了外国政要访华专机起降的重要任务。

3. 其他航空历史文物

（1）我国最早的首航邮戳

我国首个邮戳是为了纪念北京—天津首个航线开通而特意设计的，邮戳上刻有"中华邮政飞艇寄送"的字样（图6-1-1）。

1920年，政府创建的航空事宜处开始筹办"京沪线"中京津的试飞工作。由英国的飞行员驾驶飞机从南苑机场起飞，成功降落于佟楼赛马场，而后又载客载货飞回南苑机场。总航程为80英里，共计载客35人，同时载货数量为信函195封、报纸100份。

（2）航空历史遗迹、遗址

航空事业的发展离不开航空人的培养。1913年，袁世凯就在南苑创建了我国历史上第一所正规专业的航空学校。同年，袁世凯把飞行营调到北京，同时将其归属于南苑的国民陆军第三师节制。为了更好地开展军事活动，袁世凯还在南苑创建了飞机专用修理厂以及随营的教练班。

图6-1-1　我国最早首航邮戳

（四）航空场馆

航空场馆应该是现代人全面了解人类航空历史的最佳场所。因其可以向世人展现人类航空发展的历史，同时宣传航空知识，是航空物质文化的重要物质载体。下面介绍一些国内外著名的航空场馆。

1. 中国航空博物馆

中国航空博物馆是世界航空博物馆排名前5的大型航空博物馆。它位于首都昌平区大汤山脚下，占地面积多达70多万平方米。改革开放后，中国航空博物馆在政府的大力支持下开始筹建，正式对外开放的时间为

1989 年 11 月 11 日。2008 年，中国航空博物馆正式被国家文物局评定为首批国家一级博物馆。如今，中国航空博物馆内收藏着 120 个型号的 299 架飞机。其中，47 架符合国家一级文物标准，52 架符合国家二级文物标准。与此同时，中国航空博物馆内还收藏了众多其他形式的航空文物，如 2 万余册的国内外重要的航空资料、上千件重要中外友好往来礼品以及数千件武器装备样品。

这所我国最重要的航空博物馆内的航空文物承载着我国航空工业、人民空军发展的历史。博物馆内展出的各种机型向人们呈现了我国航空事业蓬勃发展的面貌。馆内有我国自己制造的第一架亚音速喷气式歼击机、自主设计并制造的超音速喷气式歼击机、我国第一架预警机、第一架电子干扰机等，上述这些国产机型都在外形与功能上有所改良。除现代科技飞机，我国航空史上重要的飞机机型也都被收藏在馆中，如冯如自主研制的"冯如二号"飞机、参加开国大典的飞机、我国自主研制的第一架喷气式战斗机 0101 号等。同时，中国航空博物馆还收藏了我国自主研制生产的歼-6、歼-7、歼-8、运-8 等系列飞机。

除了展出飞机以及相应的航空文物之外，中国航空博物馆也经常举办一些大型的航空展览、航空活动，如我国航空飞行员风采展、第二次世界大战时期的空战展、航空节、超轻型飞机表演、航模比赛等。同时，一些大型的航空科技研讨会、航空历史研讨会也常在博物馆内召开。

中国航空博物馆承担着向青少年群体科普航空知识的重任。每年的夏冬两季，博物馆每年都会举办航空知识的夏令营以及冬令营。这种集中式的理论与实践的学习活动，使我国青少年们不仅可以学习航空知识，而且可以接受军事训练。在积极筹划、实践的努力下，博物馆在青少年航空教育领域获得了世人的认可与称赞，并于近年先后被中央宣传部、科学技术部、教育部等任命为全国"爱国主义、科普和国防"三大教育基地。同时，中国航空博物馆还被中央宣传部、科学技术部分别评为"全国爱国主义教育示范基地"以及"全国青少年科普教育示范基地"。

2. 美国国家航空航天博物馆

美国国家航空航天博物馆是美国最大的航空博物馆，同时它也是世界上最大的航空与航天器收藏博物馆。该博物馆修建于美国华盛顿，前身为美国国家航空博物馆。美国国家航空航天博物馆的占地面积为 6.3 万平方米，其中陈列文物的面积多达 2 万平方米。博物馆内的航空文物形式多样，数量众多。馆内大量收藏了各种美国自主研制的飞机、发送机、火箭、登月车及著名航空员与宇航员用过的器物。这些航空器无不向世人展现着美国悠久的航空航天历史。

美国国家航空航天博物馆内设置了各种展馆，如飞行里程碑、一战航空、二战航空、航空运输、通用航空、火箭与航天飞行、阿波罗登月、行星探险等。其中，在著名的空间飞行器展厅内，博物馆向世人展出了美国及其他国家发射的各种卫星、航天器的复制品，美国的"阿波罗"与苏联"联盟"号飞船实现对接的模型也都收藏在内。除了上述这些静态的航空文物之外，博物馆还大量设置了互动设施，如游客可进入道格拉斯 DC-9 飞机驾驶舱；在"天空试验室"航天站的轨道舱内随意行走；站在航空母舰甲板上的海军战斗机之中，抚摸从月球上采集来的石头；等等，这些航空互动装置使参观者有种置身航空活动的情境中的感觉。与此同时，博物馆利用先进的技术，建造了一个可容纳数百人的宽银幕立体电影厅以及直径为 21m 的环形空间，用来每日放映宇航科学影片和演示各种天象及宇航景象。

3. 英国皇家空军博物馆

英国皇家空军博物馆也是世界著名的航空博物馆之一。在该博物馆中，最为著名馆址的便是伦敦皇家空军博物馆，此馆址于 1972 年正式对外开放。馆内大量收藏了各种近现代的军事战斗机，之所以说伦敦皇家空军博物馆是英国最重要的博物馆之一，因其是英国唯一致力于航空事业的国家级博物馆，该博物馆也在人机互动方面做了精心的设计准备，以便带给游客最真实的航空体检。除此之外，航空展览、引擎导弹模型、航空制服、航空奖章等与航空活动相关的文物与资料也都陈列于此。这些蕴含深刻意义与价值的文物与资料向游客们全面展示了英国的航天历史以及英国皇家空军的发展史。

4. 法国布尔歇航空航天博物馆

法国布尔歇航空航天博物馆是法国最大的航空博物馆，同时该博物馆也是欧洲规模最大的航空博物馆，更是世界上历史最悠久的航空航天博物馆。法国布尔歇航空航天博物馆仁立在法国巴黎北郊的布尔歇镇上。1975年，布尔歇航空航天博物馆经过重新规划后，正式开馆。为了更好地传播航空知识，开展航空教育，该博物馆又经历了无数次扩建，目前已成为拥有 1.5 万平方米展区、收藏展示数百架近现代飞机的世界著名航空博物馆。

法国布尔歇航空航天博物馆的特色之一便是门口摆放了三架曾为法国展现本国国威的"空中巡逻兵"特技表演的 CM-170 教练机。博物馆的展区还充分利用了博物馆所在的机场的停机坪，扩大了展区的面积。同时，在馆内利用机场大厅，即主馆以及机棚进行了大量航空文物的展示。主馆展示的是热气球、滑翔机和一些参与过第一次世界大战的战斗机；其他馆也分别展示了第一次世界大战与第二次世界大战期间的战斗机、第一次世界大战后自主研制的各种喷气机等承载着法国航空史的航空文物。

二、航空的价值文化

航空的价值文化是航空文化的核心内容，可以说，航空价值文化就是航空文化的灵魂。我们上文所述的航空物质文化也需要航空价值文化的积极引导。

(一) 航空价值文化的理论概述

1. 航空价值文化的基本内涵

根据著名的文化层次结构理论，文化的核心内容就是价值文化。价值文化由人类长期实践中逐步形成的价值观念、审美情趣、思维方式等主观因素组合而成的。之所以称为文化的灵魂，因其直接支配了人们的基本信念、态度以及生活生产活动。

形态各异的价值文化自然会呈现出不同的文化表现，因此，当今文化的差异就在于价值文化的不同。东西方文化的差异就是典型的由价值文化的不同所表现出差异的例子。当今西方文化的核心价值观就是民主、自由、公平，从小就被这种价值观熏陶的西方人，自然会认为符合民主、自由、公平的事情就是公正的事情。反观，我国的核心价值观其实经过了漫长的发展更新的过程，如我国古代一直以"忠孝信义"等传统价值观作为衡量标准，以此来判断事情或人物是否符合社会理论，随着五四运动的开展，西方民主、自由的观念开始进入国人的内心，但无可否认的是传统伦理道德观念依旧扎根于当时国人的心中。由此可见，即便是针对相同的事件，国人与西方人就会持完全不同，甚至相反的看法与意见。但是，民主与自由并也非西方国家才拥有的价值观，当今西方的民主与自由也逐渐融入我国当代价值观中，为我国价值观所用。随着社会的发展，中共十八大借鉴了西方价值观中积极正面的部分并结合了当下我国的价值观，将其概括为社会主义核心价值观。其中，国家层面的价值取向为"富强、民主、文明、和谐"，社会层面的价值取向为"自由、平等、公正、法治"，个人层面的价值取向为"爱国、敬业、诚信、友善"。

　　文化的差异不仅体现在价值观上，在思维方式方面也有明显的不同。例如，西方文化比较注重形式逻辑。古希腊人喜欢辩论，为了支持辩论技巧，聪明的古希腊人便发展了形式逻辑。早期发达的形式逻辑的典范就是欧几里得的几何学，它以一系列较为简单的假设，推演出庞大且严密的命题体系。随着社会的发展，西方人又意识到，除了形式逻辑之外，理论还需要实证检验，也就是对世界做系统的观察、记录、测量，并以此为基础验证对理论的预测，最后决定是否接受某一理论。

　　反观，我国的传统文化既不注重形式逻辑，也缺乏实证研究。例如，我国古人基本不会对概念进行具体的界定，表述的内容与形式也较为抽象。"天人合一""大道至简"等理念都可证明这一点。即便缺乏对形式逻辑的研究，我国古人也未停下对未知领域的探索。著名的典籍《易经》的部分内容就对方法论进行了总结概括。诸子百家中的文人也重视创新，可惜的是，当时的文人仅仅是做理论层面的研究，因而未形成一套严密的逻辑系统与方法论。在这种思维方式的束缚下，我国探索大自然的部分成果并没有得到有效的积累，从而减缓了自然科学的发展步伐。从本质上来看，宋明时期的义理之学也不是求知识、求真理的具体方法，义理之学讲究的是修养方法。因此，探索未知世界的思想截止于此就没有再发展的契机与发展。我国传统文化重求善，导致求真不足，从而制约了自然科学的发展。

　　现在我们将中西方文化进行对比就可发现，西方文化更为注重求真，将重点放在改造自然、将自然人类化等方面。经过不断探索，西方逐渐形成了一套完整的概念、逻辑和理论框架，从而为后人的研究打下了坚实的理论逻辑基础。可见，西方文化更为切实、具体地完成了理论的积累与传承，自然在自然科学领域具备了比中国更大的优势。

　　通过上文对价值文化内涵的具体论述，我们可详细阐述航空价值文化的定义与内涵。航空价值文化指的是人们在航空实践中孕育出来的价值观念、审美情趣、思维方式等主观因素。意识可以指导实践，人类数百年航空实践活动离不开技术的支持，同时也依赖于历代航空人的精神追求。从本质上来看，存在于人类社会的技术仅是人类精神、意志、智慧等抽象意识经过物化后所表现出现的各种形式。这就是我们称航空价值文化是航空文化灵魂的根本原因。

　　近现代航空活动实践大多产生发展于西方。可见，西方的价值文化决定了西方的航空价值文化。如在飞机机组人员权责归属与行为制度准则上：飞航组员需要直接、及时地指出和纠正同事或者上司的错误，并且直接接管当事人所做的工作。这一规定体现了西方"人人生而平等"的基本价值观念。但是，这个制度准则就无法在国内顺利执行，因其背后的价值文化与我国社会的主流价值观不符。国人很少在公共场合直接指出，甚至是动手纠正上级领导的错误，这需要勇气与胆量。

自古以来，我国社会的属性便是宗法社会，即依靠长幼尊卑的等级制度来维持整个社会的和谐稳定，如此一来，社会上不同阶层的百姓可各自履行自己的义务与职责，行使自己的权利。"劳心者治人，劳力者治于人"，说的就是阶层之间的关系。随着古代封建社会的发展，精英阶层与劳动阶层的分化愈加明显，并且还被统治者利用政治、社会制度将其规范化。于是，在上者比在下者"更高明"的思想也由此产生。

回到上述案例中，我们如果从本国价值观念来分析，处理事件时我们的方式更趋向于和平、安静地解决问题。换言之，我们不主张用激烈的方式来解决当下影响航空活动的问题，而是力争在不伤涉及人和气的情形下得以顺利解决。因此，在当前社会，下级在对上级传达意见与建议时，多采用较为迂回、含蓄的表达方式，希望通过这种平和的方式，既达到了表达自己观点的目的，同时也会影响上下严格的等级关系，以免影响日后的工作沟通。

虽然，这种中庸的解决方式在面对非突发情况，具有一定的效果。但若我们面对紧急、突发状况时，这种解决方式的劣势就会暴露无遗。当飞机在万米高空以数百千米的时速飞行时，细节决定机组乘客所有人员的安全，一旦决定下达晚一秒，解决措施实施晚一秒，就会导致严重的后果。这时，严格遵守上下级制度将使事态向无法解决的方向发展，因此需要抛弃尊卑观念以及长官意志，以寻求真理的态度来平等、客观地面对上级。西方哲学家曾说过"吾爱吾师，吾更爱真理"，这种颇有"忤逆"意味的想法，其实更利于航空价值文化的发展。

2. 航空价值文化的功能

(1) 激发和引领创新文化氛围

个人主义文化始终是西方的主流文化，这种文化虽然导致了部分社会问题，但是个人主义文化为创新提供了良好的文化环境。反观，集体主义是我国重要的文化特征，其带领国人拉动了社会飞速向前发展，虽然集体主义帮助我国从艰难的历史发展时期走出，以集中力量办大事的思想，汇集全国人民的力量推动经济的发展。但是，其缺陷却也在当代经济、科技发展中暴露出来。因为集体主义从本质上缺乏个性化与多样化，但是多样性又是科学、技术领域创新的基本要求。所有的技术方案、手段都需要大量的数量信息中选择最为适合的一种，而这种海量的信息需要多样性的实现才能获取。因此，创新其实就像漏斗，首先要有足量的信息进入门槛，才能通过关卡，获得精炼的信息，一旦信息数量过少，那么创新成功的概率就不会高。

在航空实践活动中，我们既要认识到传统文化中积极有益的部分，也要克服传统文化中略显不足的部分。当前，我们在进行科技创新的时候，不能仅仅依靠技术本身，还要经过一定的研究探索，形成一套完整的合理的机制。通过营造良好、有利于创新的文化环境来实现科学、技术的迅速发展。综上，当代航空价值文化具有自由精神、科学精神的思想内涵，它不仅规范以及保障了当代航空文化的发展，而且还可以成为社会创新文化的首要引领者。

（2）促进航空产业的发展

社会经济的不断发展带动了社会整体消费水平的提高，当代消费者的精神需求早已从基本的物质需求逐步向高级精神需求靠拢，简言之，物质需要逐渐让位于精神需要。因此，人们在购买消费生活必需品的时候，也越来越注重事物本身的价值与意义。西方经济学家曾研究分析当今消费社会的种种特征，从而揭示了消费社会变化的原因。学者们认为，在消费社会中，商品主要是作为一个物质符号用来消费与展示的。这个符号就是商品承载的一定的意义与精神内涵，符号既可以展现消费者的社会地位、文化品位、生活水准，也可以实现消费者的身份认同。

可见，由于当代人们消费心理的升级，航空价值文化在促进航空产业发展方面具有重大意义。航空价值观也在航空产品、航空活动中得以体现，如自由的追求、对科学的敬畏等。这些当代航空价值观将成为吸引消费者进入航空产业的重要因素。当前，快速发展的航空产业能够深刻体现自由精神，并解释价值文化的经济功能。人们热衷于乘坐各种小型航空器在低空俯瞰大地，将世界之美景尽收眼底。这种航空活动就符合了当代人们追求个性化、新奇性的精神需要。相信在不远的将来，航空产业将成为继动力交通后引领人类交通运输的"第四次革命"。

目前，我们的经济发展趋势一片良好，可见我国也已经具备了发展通用航空的客观条件。2010年，政府就发布相关文件，推进低空空域的产业改革，重要内容如下：2015年我国正式开放大部分空域；2020年我国将全面开放低空空域。现在我国正处于通用航空产业高速发展前的准备时期。根据相关部门的具体规划，在不远的2020年，我国通用航空发展的重要目标为实现规模化发展，飞行总量有望突破200万个小时，增速提升至19%。预计到2020年，我国通用飞机保有量将突破9 000架，且每年通用飞机保有量增速都将超过25%。低空空域的陆续开放将为通用航空产业发展带来巨大的发展空间，促使通用航空产业拥有无限潜力的市场。

（3）推动基础科学研究的进步

趋同性与继承性是我国传统文化中非常重要的特征。但是，这两个特征也决定了我们缺少追问"为什么"的意识，换言之，受到传统文化的影响，我们只关注具体做了什么，而不去关注为什么要做以及到底如何去做的手段、方法。正如我国古代很早便发明了火药，但是当时却没有人去研究火药背后的具体原理是什么，从而未能在当时建立起领先全球其他国家的物理和化学学科。回到现代航空价值文化层面，我们需要建立起既符合我国基本文化特征，又能体现时代特色的价值文化体系，这样才能帮助我们转换角度，从技术层面逐步转移到紧紧跟随先进科学发展的最前沿。

航空基础科学研究工作对新型飞机的研制起了积极的作用，包括支撑作用以及引领作用。在任何一门学科领域，基础技术都是推动发展的绝对动力，航空工业也是如此。空气动力、强度、材料、制造、标准、计量、测试和信息化等专业领域都归属于航空基础技术，可见基础技术的涉及范围非常广泛。当前，我国对航空基础技术领域给予了高度的关注与支持，无论是高端技术人才还是充足的建设经费，都对航空产业的发展起了正面、积极的作用。但是，我们依旧看到现阶段我国基础技术的研究成果、技术与产品的成熟度还远远不够，这说明我国的基础研究平台还有待完善，基础研究的广度与深度也需要继续拓展。

除了上述问题外，我国航空产业缺乏一个通用的工业基础也是一个亟需解决的问题。航空领域是工业领域中的一个小范畴，因此航空基础科学研究也仅能完成对飞机机型、发动机等航空领域的项目研究，基础材料、电子器件、轴承、液压、电机、电器、连接件、电缆、管件等基础零部件的开发生产工作非航空产业需要完成的项目。上述基础零部件其实可以由工业领域的其他分支领域来完成。因此，我们需要一个通用工业基础，这样便能为不同的工业领域提供研制的基础材料等服务。想要通用工业基础在单一科学领域具有重大突破，那么需要对当前科学技术领域的新理论、新材料、新工艺、新技术和系统工程进行深入的研究，来实现突破航空工业所需的各项关键技术的目标。

（4）促进社会文明程度的提高

航空文化之所以成为人类文化卷宗中极为华丽的篇章，因其向世人展现了人类社会最为先进的科技文明、时空文明以及精神文化。航空价值文化的不断发展，使人们在享受航空实践带来便利的同时，可充分体会自由科学，理解自由科学。在一次次航空探索中，冒险也与之同行。在探索与冒险并行的航空实践中，人类社会也得到了最重要的发展动力。

航空价值文化中包含了自由精神、科学精神、人本精神以及法治精神等。这些精神内涵不仅是航空文化的重要内容，同时也是当代价值观和思维方式的一种表现，是促进社会的"正能量"。综上，发展航空文化就是在弘扬"正能量"，因此发展航空价值文化本身就是一种积极、正面的社会实践。

（二）航空价值文化体系

受中西方主流价值观差异化的影响，中西方的航空实践以及航空文化也具有显著的差异。虽然我国古代的风筝、竹蜻蜓是近代航空器的原型，但是人类历史上第一架飞机并没有诞生在中国，著名科学家冯如在莱特兄弟研制出第一架动力载人飞行器之后，只花费短短几年的时间，就成功研制出代表当时世界一流技术水平的飞机，名为"冯如1号"。冯如成功研制先进飞机的年龄仅为20多岁，当时冯如还提出了"航空强国"的伟大梦想。后来，冯如在孙中山的支持下，成功组建了中国最早的"空军"。冯如不仅看到了航空技术对未来国防的重要意义，而且还以此提出了空军战略的重要设想。虽然，当时国内的社会环境不稳定，国力日渐衰微，种种客观环境的限制，致使在很长的一段时间内，国内航空实践也未能实现突破。但也有一批杰出的科学家在空气动力、火箭技术、燃烧理论等方面获得了研究成果，为我国后续航空事业的发展打下了坚实的理论基础。

新中国成立后，我国航空事业终于迎来了大发展大繁荣的契机。可以说，正是因为众多仁人志士的强烈爱国主义思想与强国梦想推动了航空事业的发展。所以爱国精神、奉献精神、牺牲精神始终是我国航空价值文化中不可或缺的一部分。自改革开放至今，我国的经济发展早已步入正轨，"中国梦"这个梦想的提出是为了让人民群众都真正过上小康生活。因此，我国航空价值文化会在日后的航空实践中继续凸显自由精神、科学精神、人本精神以及法治精神等基本内容。

1. 自由精神

自由是人类永恒的追求。我国古代看到天空中飞翔的鸟儿便产生了飞天的梦想，并通过神话故事来表现这种渴望，如嫦娥奔月、孙悟空一个筋斗十万八千里等。人类真正实现飞天的梦想还在追溯搭配工业革命之后，在技术的支持下，热气球、氢气球和飞艇等航空器成为人类飞行的物质载体。随后，莱特兄弟的飞机在航空史上留下了浓墨重彩的一笔。第二次工业革命结束后，喷气式飞机、无人机、高超声速航空器为人类继续拓展自由空间提供了实践工具。随着通用航空时代的到来，形式各异的航空活动出现在人们的视野里。从古至今，人们对自由的体验，对自由的感受，对自由的想象，都在当代得以实现与发展。现如今，自由飞行已经成为一种精神享受与价值追求。

发展宣传航空文化，推动航空事业的发展都必须把自由精神放在首位。无论是在地面上自由地行走，还是在大海里尽情地遨游，这些都是人类身体上的一种自由。那么人类渴望在天空中自由地飞翔也是实现自由的一种方式。为了让航空器更为安全与自由地翱翔于天际，需要专业人员为之付出努力与实践，这就是历代航空人的使命。

但是，国人对航空价值文化中的自由精神的认知度不够。当提起航空话题时，人们的脑海里只会浮现战斗机、轰炸机、民航客机在空中飞行的画面，个人自由飞行似乎并不存在于人们的意识中。出现这种现象的原因既有"重实用、轻精神"的影响，也有我国航空业产生的社会环境过于恶劣的原因。随着我国经济水平的快速提高，人们开始追求精神需求，即自由。由此可见，我国通用航空的发展可完美诠释自由是人类最为基本的精神需求之一。从2014年至今，相关机构组织了一系列以"中国梦、通飞情"为主题的飞行活动，获得了国人的广泛认可与支持。

自由精神是推动社会进步的重要力量。哲学家密尔就对自由精神对人类社会的作用给予了高度的肯定，"有多少个自由的个体就有多少个独立的进步中心。"人们对自由的执着追求，也会反映在人类本身，并促使强大的精神动力的出现，从而激励人们克服眼前的困难，实现最终的目标。

2. 科学精神

科学精神是实现自由精神的保障。飞天的梦想不能仅靠头脑的意识，更需要技术的支持。各式各样的航空器正是科学技术发展的重要产物，所以科学精神也是航空文化价值体系中极为重要的组成部分。科学精神指的是贯穿于整个科学实践中的基本精神与思维方式，它包括了理性、实证、求实、创新、宽容等精神。世界上任何一名科学家都是在科学精神的引领下走向成功的。

航空领域的科学技术是当代现代科学技术的高度集合体，它吸引借鉴了基础科学以及其他技术学科领域的最新成就。航空科学技术所涉及的领域有机械、动力、信息、材料、电子化工以及冶金等。航空科学探索始终是一个极为复杂与艰辛的过程，领域内的每一个重大成果都是众多优秀的航空人经过自身的努力与实践获得的。我国的"神舟"飞船成功载人升空就是我国历代航天人艰苦创业、勇攀高峰的胜利果实。众多航天人以世界航天科技的前沿为目标，努力学习新的航天知识，攻克实践难关，勤劳的航天人从科研院走出，进入试验基地，不管严寒酷暑，不管风吹雨打，在全国留下了航天人努力实践的足迹，洒下了他们辛勤的汗水。

创新精神是实现技术进步的根本动力，同时它也是航空科学精神的重要内容。实质上，人类航空史也是人类的创新史。航空创新源自飞行梦想与客观条件之间的矛盾冲突。正是由于人们受限于落后的技术无法实现飞行梦想，使梦想与客观存在形成了矛盾。我们都知道矛盾是推动实践的原动力，因而矛盾的存在使技术得以进步。虽然，人类的飞行梦早已实现，但是人们现在更加渴望拥有舒适、快捷、安全的飞行体验，因此产生了新的矛盾，创新也得以重新开展。可见，航空创新将成为航空业发展的永恒主旋律。航空创新对社会发展而言都是极为重要的，航空领域的衍生品也在社会其他领域得以发展，如钛合金、碳纤维这些材料原本是在航空工业的高需求下产生发展的；高尔夫球、尿不湿、微波炉等日常用品的制造也离不开航空技术的引入。

创新精神对我国的航空事业而言也是必不可少的。我国载人航天工程起步较晚，为了缩小差距、迎头赶上，载人航天工程的筹备阶段，相关机构就提出要坚持做到"起步晚、起点高，投入少、效益高，项目少、水平高"，从整体上展现中国特色和技术进步，走跨越式发展道路。众多实践都证明了高科技发展只有创新这一条路可以走。目前，通过原始创新、集成创新以及学习借鉴其他国家的先进技术，我们可以将航空技术再创新。从飞船设计、火箭改进、轨道控制、空间应用再到测控通信、航天员训练、发射场和着陆场等方案论证设计，我国始终瞄准世界先进技术，以保证工程在建设初期就具有强劲的后发优势，确保关键技术能与世界先进水平并驾齐驱，甚至在局部领域还能有所超越。面对一系列未知领域和尖端课题，我国优秀的科技人员在创新精神的引导下，攻克了众多关键性技术难题，获得了一大批具有自主知识产权的核心技术以及生产性关键技术，向世界展示了当代中国航天人的优秀的创新能力。

3. 人本精神

人本精神，就是我们常提到的"以人为本"。人本精神的主要内容为：以人为中心，一切为了人，一切依靠人；尊重人的自由、平等的权利，发展人的个性，促进人的全面协调进步。从多角度分析，人本精神既是一种民主的价值取向，同时也是一种出众的思维方式。当我们遇到问题，需要将其分析解决时，"人"就是我们首要考虑的重点。人本精神是航空价值文化体系中不容忽视的重要内容，同时也是航空文化发展过程中，不可或缺的价值观念与思维方式。

西方的人本精神源自中世纪的文艺复兴运动。这种民主精神在西方社会的各个领域、方面都得以充分体现。航空文化作为文化领域的重要分支，以人为本也是航空文化的重要内容。人类的实践源自人类头脑中的意识，也就是各种联想与想象，因此航空事业的产生与发展都离不开人本身，正是因人有所想，实践也得以开展。目前，驾驶飞机自由飞行是人的自由全面发展的一个新的开始。除了通用航空传统服务之外，各种与航空相关的新兴业务也出现了飞速发展的势头，如通勤飞行、公务飞行、航空游览和私人飞行等。通用航空的服务对象是人本身，因此，尊重人的自由、实现人的价值、满足人的需求应该成为航空服务发展的基本目标。对于世界上任何一家航空公司来说，只有建立"以人为本"的价值观才是获得市场竞争优势的重要策略。通过在各个环节展现人本精神，航空公司的员工才能被激发出无限的潜力，从而形成巨大的竞争优势。

我国航空业自发展以来，始终坚持人本精神作为发展航空价值文化的重要方式。但在发展的过程中，客观环境的种种限制使得航空实践中依旧出现有悖于人本精神的事件。1990 年 10 月 2 日，一名男子在厦门航空飞机从厦门机场起飞后不久，便冲入驾驶舱，通过飞机广播向机组人员声称已在客舱内安装了爆炸物，威胁机长改变飞机的航行方向，并仅留下机长一人在驾驶舱。此时，机长急中生智，向劫机犯表明如果改变航行方向，那么飞机燃料将不足，需要降落香港补充燃料，劫机犯便同意了。于是，机长控制飞机在广州上空盘旋半个小时，向劫机犯表示飞机已达到香港上空，需要降落。即将降落之时，劫机犯发觉上当便与机长发生搏斗，企图控制飞机，最终导致飞机失控偏离跑道。虽然，机长试图加大油门，重新拉起飞机，越过前方停放的飞机。但速度不够，导致该飞机与机坪上另外两架飞机相撞，导致 128 人遇难，52 人受伤，三架飞机全部报废。从这次事件中，我们得到的深刻教训是如果在飞行过程中忽视了人本精神，反而过分强调政治因素，那么将导致机组人员以及全体乘客受到严重的损伤。如果机组没有做出强行迫降广州的行为，那么事件的结果可能就不是悲剧。

4. 法治精神

无论是在国家的治理层面，还是人们日常的生活起居，法律对其产生着重要的作用。如果一个国家具有健全的法治环境，那么整个社会将具备一个宽松且有序的发展环境，通过各种法律规范服务，社会将具有正确的价值导向以及良好的文化氛围。从本质上看，法治精神指的是追求法治的价值取向，以及实现法治的理想、信仰以及思想原则。因此，法治精神不仅包含了正义、道德、公平和合理等民主观念，而且还具有至高无上的价值观念与人格尊严。

法治精神是航空文化体系中的最后一环，同时也是航空文化中比较特殊的内容。随着社会的进步，航空实践活动早已成为当代社会生活中不可或缺的组成部分。而当代社会的重要特征便是"管理方法的法制化"。可见，法治是航空文化中一大重要的特征。

航空活动不同于其他的经济活动，复杂性与高风险性成为它独特而又易引发人们讨论的基本特征。一旦航空活动发生意外，社会便会对此产生敏感反应。可见，航空活动必须用法治的思路以及法律手段去规范与管理。在航空领域，法治与安全之间的关系是相互联系且不可分割的。世界上不同国家对航空的准入、适航规定、飞行规定、飞行人员的选择与培训、技能与经验评定等都有不同的法律法规。除此之外，民用航空活动还具有明显的国际性特征，如规范国际航空行为、处理国际航空纠纷等，都需要国际上公认的法律条文才可开展下去。法治精神也同其他航空文化精神一样，是在漫长的航空实践中不断产生与发展的。可以说，现代法治精神的内涵是用由众多经验、教训换来的精神财富。

自航空业发展至今，我国航空业的发展始终在法治化的正常轨道内顺利运行，而且还在各种变化中客观条件的影响下，不断将各类法律法规进行修改与完善。如今中国民用航空局发布《中华人民共和国民用航空法》（修订征求意见稿），就意在突出航空安全监管以及消费者权益保护，以确保民用航空活动可安全有序地发展、维护民用航空活动当事人各方权益、全面促进民用航空事业发展。虽然"空闹"事件在我国发生的频率并不低，但一旦出现"空闹"事件，我国会依照国际惯例，将涉及航空安全的相关人员，给予从严、从重的处罚。

发展、宣传航空法治精神不仅需要在全社会范围内不断弘扬与培养民主法治精神，而且还需要从整体的角度去综合提高人们的法治思维能力。这点在航空管理者身上尤为明显。这里的法治思维指的就是将法治的各种要求运用于认识、分析、解决问题的综合思维方式，同时它也是一种以法律规范为基准的逻辑化的理性思考方法。可见，法治思维其实就是一种法治信念。拥有法治信念的人必定会有坚定的法治立场，从而成为遵纪守法的合格公民。因此，法治思维也是一种以人为本的思维，它需要我们在航空活动中加以重视与实践，使其充分保障公民的合法权益。

第二节　航空的实践文化

航空的实践文化与理论文化有所不同，它主要从航空活动的具体产物出发，分析与航空相关的物质载体背后的文化内涵。本节我们将分别从科技、教育这两大方面论述航空文化实践现况。

一、航空实践文化——科技文化

当今世界各个航空发达的国家都在科技文化的实践过程中获得了丰厚的成果，其对航空文化整体的发展具有不可磨灭的促进作用。

(一) 世界航空科技的发展

世界航空科技的发展与西方国家的航空活动息息相关，近现代西方人对航空领域的探索与创新不断推动着世界航空科技的发展。

1. 早期人类的飞机探索

随着技术的飞速进步与社会生产力的日益提高，人类决定不再将飞天的梦想寄托在各种虚拟的故事中，而是希望通过制造特定的工具来实现飞天梦。从一开始简单地模仿鸟类的飞行，再到滑翔机的诞生，从研究鸟类飞行原理，再到蒸汽动力学的产生与发展，人类在航空领域的积极探索，为实现飞行梦想积累了丰富的理论基础与实践经验。

（1）达·芬奇的探索

达·芬奇是文艺复兴时期最为伟大的博学家之一，他不仅在艺术领域具有杰出的成就，在航空领域也留下了非常重要的设计理念。达·芬奇在研究手稿《论鸟的飞行》中就记载了他对飞行的构想，在文中指出："由于大气本身是具有可压缩的性质的物质，当有某种物体以比它的流动更快的速度拍击大气时，它就要受到压缩，"并强调了："除非翅膀拍击空气的运动比空气压缩时自身的运动速度快，否则翅膀下的空气不会变得很密，因此鸟就不会在空中支承自己的重量。"[1] 通过分析上述构想，我们可知达·芬奇借助鸟儿翅膀拍击空气，从而使空气给了鸟的翅膀上升的动力，这一发现引申出作用与反作用的重要原理。

---

① 周启生. 仿生扑翼飞行器设计及空气动力特性研究 [D]. 哈尔滨工业大学，2012/

达·芬奇还分析研究了鸟类羽毛的基本结构，他发现当鸟类的羽毛向下扑动时，压缩空气的效果更为突出；而当鸟类翅膀向上挥动时，因翅膀的羽毛变得疏散，从而减少了一定的空气阻力。与此同时，达·芬奇还分析了客观环境对鸟类飞行的影响，他观察到如果环境中出现了向上的气流，那么鸟类便会利用这种上升气流向更高、更远的地方飞行。

结合发现的鸟类的飞行原理，达·芬奇在图纸上设计了飞机、降落伞和直升机的草图。后来的历史也证明了达·芬奇的当时的论断是正确且有科学依据的。

（2）凯利的贡献

19世纪初期，英国人乔治·凯利在《自然哲学、化学和技艺》杂志上发表《论空中航行》等多篇航空论文。这些论文都代表了当时最前端的航空理论。他认为："全部问题是给一块平板提供动力，使之在空气中产生并支持一定的重量。"经过严密的计算，凯利得出了一架飞机的具体设计参数，并将其换算为现在的单位，即当平板的面积为 $60m^2$、迎风角为 $6°$、速度为 $10m/s$ 时，升力可以支承 90kg 的人机总重。最后凯利得出结论："如果这块平板能在动力作用下高效率运动，空中航行就会实现。"

除此之外，凯利还涉及了飞机的飞行稳定性、操纵性和安全性等重大问题等研究。为确保飞机具备上述三大特征，凯利建议在飞机机翼上安装反角，在飞机身后加上尾翼，并在尾翼上安装可转动的垂直尾翼等。虽然在当时这建议未能全部被采纳，但上述建议都被历史验证是科学的。虽然受到客观环境的影响，凯利没有利用上发动机与蒸汽机，自然无法将其设想付诸实践。但他也成功研制了载人用的滑翔机。莱特兄弟曾说过："我们设计飞机的时候，完全是按照凯利爵士提出的非常精确的计算方法设计计算的。"这就是为什么西方称凯利为"航空之父"的原因。

2. 世界先进航空器

全球化的发展趋势使航空领域也发生了重大变化，如航空航天技术领域的交流互动更为频繁。同时，形式各异的先进航空器陆续出现在宇宙大舞台上，其中，"猛禽"系列战斗机、B-2幽灵轰炸机、"全球鹰"无人机等新型飞机被世界广泛认可。这些先进的航空器被运用于军事、民航等众多领域，从而不断提高了人们原来对航空器的认知。

（1）F-22"猛禽"战斗机

F-22是由美国洛克希德·马丁公司与波音公司进行联合研制的单座双发高隐身性第五代战斗机。洛克希德·马丁公司主要负责机身、武器系统、组合拼装等工作，而波音公司为其提供先进的机翼、后机身、航空电子综合系统以及完善的培训系统。F-22 具有很强的隐身性能、灵敏性、精确度，同时拥有空对空、空对地综合作战能力。这些出众的技能使得 F-22 成为当下综合性能最佳的战斗机。F-22 上安装的机载电子设备、机动性能以及武器配置方面整体遥遥领先其他战斗机。

（2）B-2"幽灵"轰炸机

B-2 归属轰炸机类别，它由美国诺斯罗普·格鲁曼公司成功研制。B-2 是一种战略突防隐身轰炸机，它的飞行任务为利用先进的隐身性能，无论是从高空还是低空，都可突破对方的防空系统，从而完成对战略目标实施核打击或是常规轰炸的军事活动。

B-2 外形为无尾飞翼构造，从机头到翼尖都呈锐角，但是上下是拱弧形的固定前缘，前缘为直线，机翼后缘呈双 W 形，有四对综合了副翼、升降舵以及襟翼功能的操纵面，这个先进的操纵面可与飞机上的电传操纵系统形成高度配合以实现飞行的控制。

B-2 的构成材质为先进的复合材料以及蜂窝状雷达吸波结构、锯齿状雷达散射结构，机体表面还涂有雷达吸波材料，S 形进气道和 V 形尾喷管位于机体的上部，使其雷达和红外可探测性降到最低。

（3）美国 RQ-4A"全球鹰"无人机

为了满足空中防御侦察办公室向联合力量指挥部提供远程侦察能力的需要，"全球鹰"无人机便成为美国高远远程无人飞行器计划的主人公。

美国 RQ-4A"全球鹰"无人机也是由美国诺斯罗普·格鲁曼公司研制的，它是现阶段飞行时间最长、距离最远、高度最高的现代无人机。

"全球鹰"无人机具有优秀的性能。它可以在敌占区域昼夜全天不间断地为基地提供最新的数据，最大飞行速度 740km/h，巡航速度 63.5km/h，航程可达 26 000km，续航时间 42h。"全球鹰"飞行距离远到可以从美国出发，而后降落在世界任何一个地点进行侦察活动。

"全球鹰"可以与现有的联合部署智能支援系统以及全球指挥控制系统构建起信息网络，如此一来，无人机获取到的图像便可直接、实时地传输给基地，以便战斗指挥官可以精准指示目标、预警、快速攻击与再攻击、战斗评估。与此同时，"全球鹰"还可适应陆军、海军、空军等不同军种的通信控制系统，这样既可进行宽带卫星通信，也可进行视距数据传输通信。

（二）中国航空科技的发展

中国的航空工业伴随着中国历史的演变，鸦片战争后，中国航空工业便开始在国内"生根"，直至今日，中国航空工业已经硕果累累。在历代航空人的艰苦奋斗下，我国开始迈入世界航空大国的行列。虽然，我国目前的航空科技水平无法与美国、俄罗斯等航空强国相比，但是我们坚信，通过现代航空人的努力，中国终有一天会走在世界航空科技的最前沿。

1. 中国近代航空科技的发展

中国近代航空事业的产生的社会环境为鸦片战争后，中国开始进入近代史，国门的开放将西方先进的航空技术也带到国内。从 19 世纪后期到 20 世纪初，各大近代化教育机构无不开展课程专门用来介绍西方先进的航空器，如氢气球、飞艇和飞机等。中国历史上第一次自主制造的氢气球是由天津武备学堂教习华蘅芳设计制造而成的，这个直径 5 尺且被大量输入自制氢气的气球于 1887 年正式飞向天空。

1909 年，冯如制造了中国历史上第一家自制的飞机。当这架意义重大的飞机飞向天际的时候，我国近代航空工业也拉开了发展的大幕。而中国近代飞机制造的起步是由清政府下令在南苑机场建设的厂棚，并在此制造飞机开始的。1918 年，北洋政府在福州船政局成立了海军飞机工程处，开启了水上飞机制造的项目，这是中国历史上第一个正规的飞机制造厂。

孙中山在领导辛亥革命的过程中，意识到了航空事业对社会大战的积极意义，于是他在革命友人的帮助下成功组建了革命航空队，并在广州建设了飞机装配厂，为日后中国航空工业的发展打下了坚实的基础。抗日战争虽然给中华民族带来了不可磨灭的伤痛，但是在民族危机面前，国人开始意识到航空技术将直接影响战争的走向，于是人们开始学习航空知识、积极发展航空工业。可见，抗日战争催生了中国近代化航空工业。即便国内航空技术基础非常薄弱，面临着一系列难以攻克的课题，但该时期的人们在航空领域的努力为新中国的航空工业起到了奠基的作用，并为国家培养了一批优秀的航空人才。

(1) 国内首次自制飞机上天

国内首次自制飞机上天的主人公便是冯如。冯如虽出身贫苦，但从小就喜欢各种飞天故事。冯如在很小的时候就跟随父亲到美国谋生，在亲眼目睹了美国先进的工业面貌后，冯如得出国家富强必须依靠工艺的发达的结论。1907 年，冯如正式开启了飞机的自主研制工作。

在 1909 年与 1910 年，冯如分别试飞了两次自制的飞机，并且在第二次试飞中获得了成功。辛亥革命爆发前夕，冯如带着自制的飞机返回中国，辛亥革命胜利后，冯如被政府委任为飞行队长。

后来，冯如在一场飞行表演中失事不幸牺牲，年仅 28 岁，但是他对我国航空事业的发展做出了突出的贡献，被后人追忆为"中国航空之父"。

（2）国内首架水上飞机

国内首架水上飞机源自谭根之手，谭根出生于美国旧金山。在莱特兄弟成功发明飞机后，美国社会掀起了研究、制造飞机的热潮。谭根也受到影响对飞机研制产生了浓厚的兴趣。在学习之余，也在努力钻研飞行工程技术。后来，谭根有幸进入美国希敦飞机实践学校学习航空理论与飞机构造。通过自己的努力与在华侨的资金支持下，谭根开始了设计制造水上飞机的研制道路，并成为世界早期水上飞机的设计者之一。

1910 年，谭根设计了一种新式结构的水上飞机，并获得了"万国飞机制造大会比赛冠军奖"，被西方媒体称赞为"中国的莱特"。而后，谭根还研制了三架适合飞行表演的水上飞机，并培养了一批优秀的飞行人才。辛亥革命胜利后，他受邀回到国内，被孙中山任命为中华革命军飞行队队长，同时，谭根还奉命筹建了广东航空学校，并任飞行主任。谭根的一生都奉献给了水上飞机。生前，谭根以高超的技术进行了无数次飞行表演，并创造了当时水上飞机的飞行高度为 3 153m 的新纪录。

（3）近代航空工业的兴起

学习我国近代航空工业的发展历史，就不得不提及我国近代著名的飞机设计师王助。王助曾参与波音公司的研制工作，并为波音公司造出第一架飞机。王助被清政府寄予厚望，故被派去英国留学，他先后在多所著名的航空教育院校学习。1916 年 6 月，王助还获麻省理工学院航空工程学硕士学位，并任美国波音飞机制造公司第一任总工程师。

而后，王助拒绝了波音公司的挽留，于 1917 年回国。一年后，王助在我国首家正规的飞机制造厂任海军飞机工程处副处长。而后的数十年间，王助参与了数次国内飞机的研制工程，并成功设计出教练机、海岸巡逻机、鱼雷轰炸机等近代飞机，并培养出了我国第一代航空工程技术人才。

1929 年，王助出任中国航空公司的总工程师，随后主持制造出国内第一架诺斯罗普中型轰炸机，接着该机型被大量投入生产。这种轰炸机在抗日战争中发挥了其优异的性能，并与其他的中国战斗机一起，组成了空域"屏障"，为抗战胜利做出了突出的贡献。

2. 新中国航空科技的发展

随着新时代的到来，中国的航空事业得以蓬勃发展，无论是民航事业还是军事航空，它们都成为增强国力的重要领域。其中，民航事业逐渐成为国民经济的重要支柱之一，在经济发展中发挥着重要的推动作用。近年来，我国实现了从航空到航天的伟大跨越。歼-20、枭龙战机、FD-2000

等一系列具有自主知识产权的航空器的成功面世标志着中国在航空航天科技领域已经取得了重大突破。

（1）C919

C919中型客机是我国首款按照最新国际适航标准研制的民用飞机。基本型混合级布局158座，全经济舱布局168座、高密度布局174座，标准航程4 075km，最大航程5 555km。

C919中型客机具有完全自主知识产权。在研制过程中，技术人员面临着众多方面的难题，但我国优秀的技术人员并未被课题打倒，针对先进的气动布局、结构材料以及机载系统，成功完成关键技术攻关，包括飞机发动机一体化设计、电传飞控系统控制律设计、主动控制技术等。

C919中型客机在设计、试验、系统研发与集成等多个研制环节都面临着各种挑战。因此，想要设计出符合标准的先进客机，需要技术人员进行全方位的技术难题的攻关。首飞是重要的技术节点，但必须符合试航要求。在经过多次试飞与无数次探索改良后，C919终于在2017年5月15日首飞成功，截至2018年2月26日C919累计获得了28家客户共815架飞机的订单。

（2）歼-20

歼-20绰号"威龙"，北约代号"火牙"，是中航工业成都飞机工业集团公司于近年研制出的一款具备高隐身性、高态势感知、高机动性等能力的隐形第五代战斗机。歼-20因其出色的性能，被国人赋予众望，它担负着中国人民解放军未来对空、对海的主权维护任务。首架验证机于2011年1月11日在成都黄田坝军用机场完成首飞任务。2017年，歼-20正式进入空军序列。2018年2月9日，歼-20开始列装空军作战部队。

歼-20外观机身涂装了墨绿色，无论是远观还是近观都给人以暗黑之感。机身整体呈菱形，垂直尾翼向外倾斜，并采用了单座、双发、全动双垂尾、DSI鼓包式进气道、上反鸭翼带尖拱边条的鸭式气动布局。侧弹舱结构新颖，可将导弹发射挂架预先封闭于外侧，并配备了先进的新型格斗导弹。

（3）枭龙飞机

枭龙飞机是由中国与巴基斯坦共同投资，中航工业成都飞机设计研究所、中航工业成都飞机工业集团公司、中航技进出口有限责任公司等单位联合开发研制的。枭龙飞机设计新颖，并根据不同需求分为单座型与双座型。枭龙飞机具有高性能、低成本、可定制等特点，可以说是迎合了新时代军贸需求的优异战机。

枭龙飞机具有强大的中低空高亚音速机动作战能力，并具备如下特征：航程大、作战半径和较长的留空时间，短距离起降特性出众，具备不错的武器装载能力，其综合作战效能达到国际第三代战斗机的水平，其性价比优异，故能够较好地适应新时代军贸市场需求。

（4）FD-2000 防空导弹

2014 年 9 月，中国自主研制的 FD-2000 导弹正式登上军用舞台。FD-2000 是当今世界上最先进的远程防空导弹技术，因其可以防御空袭平台与弹药的强力攻击。FD-2000 的面世标志着中国成为全球第三个拥有远程防空技术和能力的国家。拥有了 FD-2000，我们便可以全天拦截不同性质特征的侦察飞机，并精确制导导弹，具有反地区战略导弹的能力。FD-2000 可以在 20km 内，把距离地面几十米，甚至上百米高的巡航导弹成功击落。FD-2000 最大的优势在于它既可以完成防空任务，也可实现反导工作，具有超强的多个目标拦截能力。可以说，FD-2000 是我国首次把防空与反导两种能力结合在一起的重大航空军事成果。

（三）航空科技的新进展

航空新时代的到来，各种新型机体材料、发动机技术等航空新科技也为当代航空器研制工作提供了先进技术的支持，使得众多航空设想得以实现。而且，这些高尖端的航空科技并逐渐应用到航空活动的不同领域与环节。

1. 复合材料

复合材料是当代性能较为优异且用途极为广泛的一种新型材料。它是由金属材料、陶瓷材料或高分子材料等两种或两种以上的材料经过复合工艺而制备的多相材料，这些材料在组合的过程中，相互影响、相互作用，促使协同效应的产生，并形成了胜于任何一种原组成材料的综合性能。

正因为复合材料可以满足当代各个领域对材料的需求，它的研究成果与发展程度决定了国家或是地区的科学技术水平。

随着航空市场的飞速发展，相关学者预计世界复合材料市场有望实现3.5%以上的复合年增长率。除了航空领域推动了复合材料的发展外，逐年真正的城市人口与建筑领域的快速发展也成为复合材料不断更新其性能特征的主要原因。

目前，复合材料市场中使用频率高且销售额遥遥领先的材料有玻璃纤维、碳纤维、纳米等性能优异的复合材料。其中，碳纤维的市场需求量最大且增速最快，而纳米复合材料则是在性能上取胜。该材料是由两种或两种以上的固相至少在一维以纳米级大小复合而成的新兴复合材料。这些固相可以是非晶质、半晶质、晶质或兼而有之，也可以是有机物、无机物或二者兼有。纳米材料独特尺寸效应使得其物理与化学性质比其他材料相比具有显著的差异性。因此，众多新兴工业产业热衷于利用纳米材料的优异性质，并在此基础上对传统材料的性能进行升级改造，从而开发出更具先进性的材料，来满足当代现代工业对材料的新要求，这点在航天航空领域表现得尤为突出。应用纳米材料可减小航天器电子元器件的体积和质量，实现尺寸与性能的全面优化。

2. 空气动力学

空气动力学主要研究物体在同气体做相对运动情况下的受力特性、气体流动规律和伴随发生的物理化学变化。空气动力学是在流体力学的基础上，在现代航空工业与喷气推进技术的推动而得以成长的新兴物理学科。

对于航空活动而言，任何的航空实践都需要解决如何获得航空器所需要的举力、减小航空器的阻力以及尽可能提高航空器的飞行速度。因此，空气动力学对航空领域的积极影响就体现于此，我们需要从理论与实践两个方面来研究航空器与空气相对运动时作用力是如何产生的及其原理的运用规律。

航空器的飞行速度在近年得以迅猛提高，源于近代航空与喷气技术的不断发展。航空器设计师必须把流体力学与热力学这两门学科的内容综合起来，才能真正解决高速空气动力学中出现的种种问题。奥地利科学家在研究弹丸运动扰动的传播时指出，在小于或大于声速的不同流动中，弹丸引起的扰动传播特征是根本不同的。在高速流动中，流动速度与当地声速比是一个重要的无量纲参数。后来，德国空气动力学家又把这个无量纲参数与马赫的名字联系起来，马赫数这个特征参数逐渐在气体动力学中得到了广泛应用。其实，早期航空器的飞行速度到达一定程度后，会因气动性能发展剧烈的变化从而影响了航空器的稳定性与操作性。这个问题直到20世纪中期，在跨声速流动方面的研究成果的引领下，使得上述问题得以缓解。

二、航空实践文化——教育文化

航空教育文化是航空文化系统中比较特殊的存在。航空教育文化是航空文化产业中不可或缺的构成部分。与此同时，航空教育还肩负着航空知识、航空技术等航空文化传承与发展的重任。可以说，航空技术的发展需要通过航空教育的信息传递方式方可实现。

（一）航空教育文化的概述

1. 航空教育文化的具体内涵

自古以来，教育就是推动社会进展的重要方式，通过教育，社会本身以及社会中的个体都可以获得发展进步的空间。可见，教育与社会相辅相成，彼此的进步可带动双方的发展。从本质上来看，教育文化就是一个民族或一个群体的教育活动的类化物，它归属于民族文化的大系统中。教育文化同其他民族文化一样，其心理的、观念的以及精神的内在特征需要通过各种物质载体才能得以展现出来。

航空教育文化是航空文化的重要组成部分，它具体指的是以影响航空及相关领域人员的身心发展为直接目的的社会活动。因此，航空教育文化也需要借助航空教育实践才得以展现。

虽然航空教育伴随着航空领域的发展才得以产生，因此其发展时间也较晚，但是其发展的速度却是令人惊叹。不过一百多年的光景，航空教育就已经发展到了一定高度。无论是西方拥有尖端航空技术的国家，还是正处于迅猛发展期的中国，都已经在逐步形成了具有一定规模、多层次、多学科、多模式、系统性的航空教育体系。

2. 航空教育文化的基本特征

航空学历教育与航空非学历教育是组成航空教育的两大基础部分，并且具有不同类型的航空教育（培训）都具有自己的特征与优势，但同时也双双表现为航空教育文化的本质特征。

（1）专业性

航空教育文化最为本质的特征便是专业性。航空知识的教育、飞行技能的培训、航空技术教育等一系列航空教育内容都具有极强的专业性。正因航空教育具有专业性的基本特征，航空教育文化也具备了专业性的特征。专业性的特征决定了各种航空院校以及培训机构开展的教育活动需要满足高标准、严要求的基本准则。

（2）教育形式的多样性

教育本身就具有多样性的特征，其表现在不同的教育对象、任务、外在形式与内在内容上。作为教育中的重要分支，航空教育自然也具备了形式多样性的基本特征，如高等教育院校、在职职业培训等。其中，高等教育还包括了早期航空知识的科普以及兴趣爱好的培养。可见，航空教育形式多种多样且具有各自独有的功能。形式各异的航空教育类别决定了教育形式也要呈现多样性的特征，这样才能相互适应与相互影响。换言之，航空教育的形式需要根据不同年龄群体、不同的培养目标的群体而选择不同的教育形式。为了更好地体现航空教育的专业性以及突出教育效果，各大教育机构可以通过具有时代特色的互动性课程，如航空夏令营、航空知识科普、博物馆参观以及特色航空课程等，来增强青少年对航空活动的兴趣，为我国航空事业的发展吸引宝贵的人才。

（3）科学性

科学性也是航空教育文化中极为显著的特征。而科学性体现在航空教育领域的两个方面：第一个方面为航空教育自身的专业性。在航空教育众多教学内容中，最为重要的就是航空科学教育，因此教育内容应该以航空科学知识或专业知识为主。第二个方面为航空教育理念与教学方式的科学性。无论教授什么类型的知识，教育的理念与手法都需要符合时代特征与素质教育的需求。在教育理念方面，教师需要牢牢抓住引导学生而非强迫学生背诵知识的教学理念，根据客观条件以及学生的情况来更新教学理念，教学方法也是如此，不能僵硬化，以创新性提高航空教育效果。

3. 发展航空教育文化的现实意义

航空教育对航空教育文化起到了推动的作用。同时，航空教育文化也可正确引导航空教育实践。而航空教育实践也可以反作用于航空教育文化。由此可见，无论航空教育文化的形式怎样变化，其本质都是为了加强航空教育的教学效果，从而促进航空产业的向前进步。

（1）促进航空教育的发展，为航空产业发展提供专业技术人才

航空教育的水平与航空教育文化的发展息息相关，而航空产业的发展也需要高科技人才的支持才能得以实现。因此，提高航空教育水平对航空产业的各个领域而言都具有积极的促进作用。

航空工业在工业领域就具有极强的专业性与科学性，它需要众多的专业人才为此发展做出贡献。而航空教育正迎合了航空工业对高尖端技术人才的需求，它培养出了大量杰出的航空航天科学家、设计师和工程师。这些航空技术人才在航空产业的产品研制过程中发挥着重要的作用。由此可见，航空教育为航空产业发展提供了大批专业技术人才。

（2）为航空科技的持续、健康发展提供保障

历代航空人的艰苦奋斗为航空事业以及航空技术的发展做出了杰出的贡献。现如今，航空教育已经逐渐形成了多层次、多学科、多规格和多形式的院校教育与在职教育相辅相成的航空教育体系，同时也为航空事业培养了众多的航空专业人才以满足不同航空工作的岗位需求。可见，航空教

育为航空科技的持续、健康发展提供了基本保障。诸如当代航空航天技术的发展离不开大批航空航天科学家的积极引领。综上所述，航空教育在推动航空航天技术迅速发展方面具有重要的作用。

4. 航空教育的发展历程

近现代航空技术的发展丰富了人类对世界的认知。换言之，航空技术的发展也带动人类物质社会发生巨大的变化。无论是影响各民族发展的社会各个领域，还是影响社会个体生存、生活发展的衣食住行都无不展现了航空技术存在的现实意义。而航空教育也是在航空技术的推动下得以发展的。

（1）国外航空教育发展历程

航空教育于莱特兄弟发明第一架飞机后就已经逐渐在发达国家出现。起初，飞机并未得到美国政府的重视，但却在欧洲国家迅速掀起了航空热潮，于是航空教育应运而生。部分著名的综合大学也相继开设了航空方面的专业。当时，西方国家的领导层敏锐地察觉到飞机在军事与运输领域的重大价值，因而开始重视航空科技的发展。当时欧洲正迎来资本主义经济的第一次发展期，受其社会背景、人们对新兴科技追捧的一贯传统、政府在政策与资金方面的支持等多个因素的影响，欧洲各国的航空教育与航空科技一样发展得很快，于是在社会上涌现出不少知名的飞机制造厂与飞行家。欧洲各个国家也趁机一跃成为世界航空强国。

通过上文所述，我们可知航空技术的发展带动了航空教育的进步，但航空技术的快速发展同样与军事需求相关。第一次世界大战爆发后，美国政府终于意识航空科技的重要性，同时在战争上看到了自己与欧洲各国在航空领域的差距，因而开始重视航空科技。美国充分利用本国在工业、教育以及经济上强大的基础，其航空科技与航空教育迅速赶超欧洲，一跃成为世界第二个航空科技教育中心。

航空教育在第二次世界大战前得到了当时世界资本主义强国的重视，并在第二次世界大战前夕纷纷建立了较为完整的航空教育体系。第二次世界大战后，航天教育开始进入新的发展阶段。当苏联第一颗人造地球卫星发射成功后，美国为了与之抗衡而颁发了国防教育法，对初、高等航空教育进行了一系列改革，不断增强航空教育对航空科技的影响。改革的内容主要体现在现代航空航天教育内容方面，如原有的航空知识课程形式与内容的更新，同时大量增设了新兴航空领域学科。

（2）我国航空教育发展历程

我国航空教育是从南苑航空学校开始的，该校是我国历史上创办最早的航空学校，是北洋政府于 1913 年在北京建立的。而海军飞潜学校则是我国近代最早的航空教育高校，它是北洋政府于 1918 年在福州马尾海军学校内创办的。海军飞潜学校的建校目的是培养航空工程人员，学校的专业课程涉及航空动力学、飞机设计和制造、航空发动机、航空材料等。

20 世纪 30 年代，社会上掀起了"航空救国"的呼声，航空教育事业也越来越受到世人的关注，众多高等院校增设了航空课程。中华人民共和国成立之后，航空航天事业进入新时代发展阶段。自改革开放以来，我国航空航天事业在飞速发展中逐渐走到了世界航空领域的前列，而我国航空航天教育也迎来了迅速发展的契机。当前，我国已建立了由高等教育、中等专业教育、技工教育和职工教育组成的航空航天教育体系。同时，我国航空教育的学科分类、航空人才的培养与培训体系也越来越成熟。

（二）航空教育文化之学历教育

高等教育既重视技术人才的培养，也注重航空领域的科研项目的开展。随着航空领域新学科的产生与发展，航空航天教育体系中的教学内容、教学手段、学科设置等也比原先多了不少变化。

1. 国外著名的航空院校

（1）加州理工学院

加州理工学院是众多渴望进行科研领域工作的学生们的教育天堂，它是美国精英学府的典范。加州理工学院是世界著名的航空领域人才的培训基地。众多优秀的科学家都毕业于该校，如我国著名的科学家钱学森为该校航空航天专业的毕业生。加州理工学院的航空航天专业隶属于工程与应用科学学院，包含流体、固体、生物系统和宇宙空间等研究领域。

（2）麻省理工学院

麻省理工学院，简称麻省理工，它同加州理工学院一样属于私立研究型大学。麻省理工创建于 1861 年，并坐落于美国马萨诸塞州剑桥市。麻省理工学院的迅猛发展得益于第二次世界大战及工业革命后，科学技术的飞速发展，社会对技术的高需求，使得科学教育也成为当时政府尤为关注的领域。麻省理工学院也凭借美国国防科技研究的需要得以崛起。可以说，麻省理工学院是举世公认的顶级理工殿堂。麻省理工学院的航空航天系所研究的范围相当广泛，如喷气式飞行器、固定翼和旋翼飞机、火箭及外太空飞行器，以及飞行器赖以运行的信息和导航系统等。同时，该校的航空航天系在科研实践方面也较为出众，该系的师生都希望把航空航天系统的理论概念与设计可以转化为军用和民用的实际产品。如表 6-2-1 所示为国外部分拥有航空专业的院校及航空类院校。

表 6-2-1　国外部分拥有航空专业的院校及航空类院校

美国	麻省理工学院、加州理工学院、普林斯顿大学、马里兰大学、密歇根大学等
俄罗斯	喀山国立 A. H. 图波列夫技术大学、莫斯科国立民航航空技术大学等
英国	伦敦大学、帝国理工学院、布里斯托大学、南安普敦大学、格拉斯哥大学等
德国	慕尼黑工业大学、斯图加特大学等
法国	国立高等航空航天学院、巴黎中央理工学院、国立高等机械与航空技术学院等

2. 我国著名的航空院校

(1) 中国民航大学

中国民航大学的前身为军委民航局第二民用航空学校，后更名为中国民航大学。在六十多年的建校历程中，中国民航大学已成为目前我国唯一一所民航学科专业门类齐全、将航空宇航科学技术与交通运输工程两大学科群交叉融合的高等学府。

中国民航大学拥有各类教学飞机 65 架；建有 2 个国家级实验教学示范中心、1 个国家级虚拟仿真实验教学中心；现有实习飞机 21 架、各种类型飞机发动机 56 台。现如今，中国民航大学共设有 27 个本科专业，其中三个专业为国家级特色专业点，即飞行器动力工程、交通运输、飞行技术。在众多航空领域学科中，航空宇航推进理论与工程、交通运输规划与管理、通信与信息系统、企业管理等 4 个学科为省部级重点学科。近年来，中国民航大学为国家培养了数万余名优秀的航空领域毕业生。可以说，全国民航七分之一的员工、三分之一的工程技术和管理人才都毕业于该校。除了承担航空教育的日常教学之外，学校为了满足航空市场对各类人才的需要而建设了航空器维修执照考管中心、飞行签派员培训中心、工程技术训练中心、147 学校、ICAO 飞行英语培训中心等多个国际、国内授权培训、考试机构，积极承担了民航机务、空管、飞行、机场、运输、乘务等各种岗位资格培训，为中国民航提供国际水准的各类技术和管理培训。

（2）中国民用航空飞行学院

在我国航空教育高等院校中，中国民用航空飞行学院同中国民航大学齐名，但它直属于中国民用航空局。目前，中国民用航空飞行学院已成为全球飞行训练规模最大、能力最强的全日制高校。该校的毕业生无论是国内还是世界民航业都能发挥其强大的实力，推动航空项目的进展。正因为中国民用航空飞行学院为航空领域培养了一批又一批的优秀人才，而被社会誉为中国民用航空飞行学院飞行员的"摇篮"、中国民用航空飞行学院管理干部的"黄埔"。

中国民用航空飞行学院共设置了七门国家级、省级重点专业，有十七门国家级或省部级精品课程。民用航空运输、通用航空各个领域都是该校教学的重点。为了更好地将航空知识运用到实践当中，中国民用航空飞行学院在校内设置了五个机场，全飞行模拟机、固定模拟机和练习器四十五台，其中各型航空发动机 400 余台，以及国内高校中最先进的 360° 全视景塔台指挥系统。

中国民用航空飞行学院同中国民航大学一样建设了航空发动机维修培训中心，同时该校也是中国民用航空授权的 ICAO 飞行员、管制员英语考官培训中心，考试中心，航空器维修执照考试中心，飞行签派员培训中心，工程技术训练中心。这些培训、考试中心为我国航空领域技术人员的认证及专职人员的专业培训提供了理论教学场所与成果检验基地。当前，中国民用航空飞行学院为我国航空领域培养了数万多名成绩优异的毕业生。在这些毕业生中，80% 的人才都成为中国民航现有飞行员。可以说，中国民用航空飞行学院为航空产业的发展提供了强大的支持。如表 6-2-2 所示为国内部分拥有航空专业的院校及航空类院校。

表 6-2-2　国内部分拥有航空专业的院校及航空类院校

三大民航局直属院校	中国民航大学、中国民用航空飞行学院、中国民航管理干部学院
六大重点航空院校	北京航空航天大学、南京航空航天大学、西北工业大学、沈阳航空航天大学、南昌航空大学、郑州航空工业管理学院
其他拥有航空专业的高等院校	清华大学、厦门大学、上海交通大学、同济大学、复旦大学、电子科技大学、北京理工大学、哈尔滨工业大学等

（三）航空教育文化之非学历教育

国内外航空需求的增长以及航空新技术的应用，对航空专业人才的质和量都提出了新的要求，也为非学历航空教育的发展带来了广阔的空间。

　　航空非学历教育是和航空学历教育相对应的。它所涉及的教学内容与学历教育有所不同，其教学任务为培养飞行与维修的专业职能，更注重实践能力。随着航空学历教育的不断发展，为了与之形成配合以及满足对航空专业性人才的需要，非学历航空教育也得以产生与发展。

　　1. 航空培训

　　航空飞行培训与航空维修培训是非学历航空培训的两大基本内容。

　　（1）航空培训机构发展迅速

　　航空培训机构基本分为学历教育与非学历教育这两大类，如表6-2-3所示为现阶段我国主要的航空培训学院。航空培训机构所开展的教学工作不仅包括了最基本的飞行培训，而且还覆盖了航空维修等重要的培训工作。据相关数据统计，"十二五"期间我国民航运输每年大约需要37 500名各类相关专业的技术人员，其中，飞行员每年需要2 500人，机务维护人的需要量为每年8 250人，其他专业人才的需要量为每年26 750人。正是因为航空事业的发展，需要通用航空的进步得以推进，所以航空相关专业技术人员的需求量日趋增加。而航空领域不同专业的精英人才的高需求也为航空培训机构提供了更为广泛的发展空间。

表6-2-3　我国主要的航空培训学院

学院	所在地	有无训练场	是否学历教育
北京航空航天大学	北京	无	是
中国民航大学	天津	有	是
安阳工学院	安阳	有	是
中国民航飞行学院及分院	广汉、洛阳、绵阳、遂宁、新津	有	是
南京航空航天大学	南京	无	是
黑龙江八一农垦大学	大庆	有	是
上海工程技术大学	上海	无	是
南昌航空大学	南昌	无	是
滨州飞行学院	滨州	无	是
沈阳航空航天大学	沈阳	无	是
珠海中航飞行学院	珠海	无	否

续表

学院	所在地	有无训练场	是否学历教育
湖北蔚蓝国际航空学校有限公司	武汉	无	否
海南航空学校	宜昌	无	否
安徽蓝天国际飞行学院	阜阳	无	否
青岛九天飞行学院	临沂	无	否

目前，我国从事飞行训练的培训机构数量众多，61 部训练机构和 141 部飞行学校尚且满足市场对人才的需要。

现在，我国共有 62 家无人机培训机构向中国航空器拥有者及驾驶员协会申请审定，其中 57 家无人机驾驶员训练机构具备培训资质。我国民用航空器维修培训机构合格审定规则（CCAR-147）是由中国民用航空局根据国际标准与我国民航事业的发展情况而制定的培训资格认定标准。如图 6-2-1 与图 6-2-2 所示为 CCAR-147 维修培训机构在大飞机与小飞机两种不同机型培训中的基本状况。当前，我国已批准 CCAR-147 维修培训机构六十四家，其中，国内维修培训机构四十九家、国外维修培训机构十五家。在数量众多的维修机构中，拥有大飞机 A320 系列机型维修培训能力的国内培训机构最多，足足有十九个，而拥有 A300 机型、B747-200 机型、B747-8 机型以及 MD90 机型维修培训能力的国内培训机构数量还未能满足市场的需求，尚且只有一家机构可以完成上述机型的维修培训工作。另外，小飞机机型维修培训机构数量基本可满足市场需求，有三十家机构可完成维修培训工作，如 CRJ700、Y5、S92 等四十四种机型的维修。

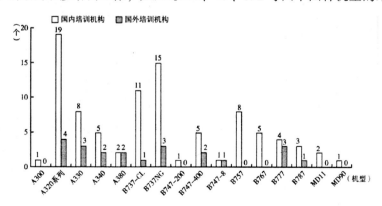

图 6-2-1　大飞机机型培训能力状况

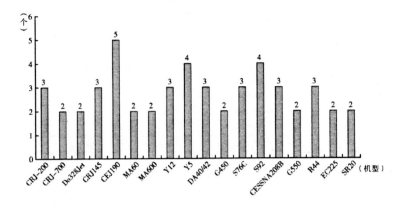

图 6-2-2　小飞机机型培训能力状况

（2）航空培训水平有待提高

世界上不同国家的航空培训水平与各自国家的航空发展水平以及航空基础设施相关。我们以民航航空职业培训为例，像美国或欧洲其他航空领域较发达的国家或地区来说，民航培训发展的比较完善，并且已经拥有较为完善与系统化、标准化的民航培训系统。无论是培训手段，还是培训理念，甚至是培训设施都很先进，且符合市场的需求、新时代培训教育的基本要求。通过较高水平的航空培训，可以为航空领域培训出更多满足未来航空业不同领域、不同层次需求的航空专业人才。与之相比，我国的民航航空职业培训水平就较为落后。现阶段，航空飞行培训的重要内容为通航飞行培训。航空强国美国就在通航飞行培训开展得很好，自航空领域在美国发展以来，众多航空公司、通航飞行协会以及一些飞机制造厂家都大兴创建了飞行培训机构，而美国政府也很重视通航飞行，故而对航空普及教育给予了相关政策与大量资金的支持。

随着我国经济水平的不断提高，通航需求日渐增多，通航专业人才的缺口愈加明显，这也给通航飞行培训带来了发展的契机。但目前我国在通航培训方面还尚未形成培训规模体系，并且与世界其他航空大国在通航培训方面还存在着很大的差距。现阶段突出的问题有飞行培训的课程科目单一、缺乏训练的特色、缺乏有经验的飞行教员以及具体政策限制等问题，这些问题需要我们日后进行解决。

2. 航空早期教育

（1）航空早期教育的内容

航空早期教育是影响一个国家未来航空领域发展的重要教育领域。从教育内容而言，航空早期教育内容与非学历航空教育内容有重合之处。俗话说："少年智则国智，少年强则国强。"一个国家的教育决定了一个国家未来的命运。而航空早期教育的对象正是青少年群体。可见，航空早期教育的目的体现在如下几个方面：①吸引青少年关注航空领域；②培育青少年对航空领域的兴趣；③开展航空知识科普活动。通过形式多样的活动，航空早期教育课将青少年培养成未来撑起航空领域大梁的技术性人才，为我国未来的航空事业打下了良好的基础。

（2）航空早期教育的形式

比较而言，国外的航空早期教育形式更多，起步也较早。美国、英国、法国、德国、加拿大、以色列、土耳其、澳大利亚、日本等国家都有青少年航空学员组织，且在青少年团体中有较大的影响力。

航空早期教育的形式也具有多样性，参观航空博物馆、收听航空知识科普讲座、观看飞行表演、参加航空夏令营活动，以及在条件合适的中小学开办航空实验班等都是国内常见的航空早期教育的形式。丰富多样的活动可以最大程度激发青少年对航空的兴趣，便于航空知识的宣传。但是，与世界其他航空教育强国相比，我国航空早期教育无论是在起步时间还是形式内容上，依旧存在不足。例如，美国、英国、法国、德国等国家都设有青少年航空学员组织，这些机构在青少年团体中也具有较大的影响力。

（3）目前我国在航空早期教育的不足及解决措施

通过上文所述，我们可知航空早期教育在我国开展的程度还不够且与发达国家在航空教育方面的差距还很明显。结合我国航空教育的发展现状以及国外较为成熟的航空早期教育模式，我们认为可以从如下几个方面去改善早期教育发展不足的现状。

①高度重视航空早期教育。优秀的航空专业人才是推动航空技术发展的原始动力。因此，航空专业人才的培育方式尤为重要。我们可以充分借鉴教育领域的其他分支较为成熟的培育模式，将选择教育对象、培育教育对象结合在一起，择优录用，并在培训过程中不断提高教育对象的专业素质与实践能力，将其培育成可为我国航空领域做出贡献的高端技术人才。

航空早期教育就可以帮助整个航空教育形成较为完整的教学体系，通过增强青少年群体对航空的兴趣与关注度，部分青少年可以尽早接触到航空领域，并且促进航空知识的传播，在此基础上，航空早期教育可以拓宽人才选拔的范围，夯实航空人才选拔的基础。

②充分利用现有的航空主体积极开展航空早期教育。

航空早期教育的发展需要我国航空主体的支持与配合，促进航空教育资源的合理化配置。最为常见的航空科普类书籍就可成为航空早期教育知识的传播媒介，当前这些出版物的外形新异，内容全面，可以说是吸引青少年接收航空知识信息的最佳"武器"。同时，在各大航空场所开展的飞行表演、航空体育活动、航空展览等各类互动型航空活动，以其生动的形式在实践过程中，潜移默化地将航空知识教授给青少年群体，还可激发青少年对航空领域的兴趣。

除此之外，在航空博物馆、航空制造企业中开展内部参观活动或是普及航空知识的教育活动，可以最大程度地满足青年人对航空领域的好奇心以及对最新航空知识的需求。因为，航空博物馆参观是航空知识的重要传播途径，虽然参观时间不长，但也足以让青少年初步了解航空，甚至爱上航空。航空制造企业的参观活动就与博物馆参观活动在内容上有所不同，制造企业的参观活动可更为直观、近距离地使青少年接触到航空制造的流程，通过实践成果的展示对青少年产生一定程度的刺激，使青少年不知不觉沉迷于航空的世界。目前，我国众多城市都建设了航空制造企业，如果我们可以充分利用其开展航空早期教育，那么航空早期教育的成果便可进一步体现。

③充分发挥政府、航空协会、航空院校在航空早期教育推广中的作用。

目前，航空早期教育的不足与政府、航空协会以及航空院校在航空早期教育方面的不重视以及教育方式、教育内容不合理有关。因此，大力开展航空早期教育需要上述组织机构充分利用自身的航空资源优势针对青少年群体开展航空知识短期培训、航空夏令营等，以便取得良好的教育效果。下面我们以航空强国美国政府、航空协会、航空院校在航空早期教育的突出表现为例，向读者介绍航空早期教育可以从哪些方面、以哪种方式来开展。

自航空事业在美国迅速发展以来，美国政府、各类航空协会对航空早期教育以及航空实践就极为重视，如美国空军在全国高中都设置了初级后备军官训练团，在学生正式走入社会之前，对学生进行与空军和航空飞行有关的教育训练，为日后飞行员的培育工作打下坚实的基础。

除了官方在航空早期教育方面的相关政策，航空早期教育在民间也有发展的基础，如目前，美国民间航模团体现已经发展到数千个基层俱乐部，共计会员十多万。这些民间的航空航模团体在航空实践方面表现出众，如民间的"试验飞机协会"启动的"雏鹰计划"，其号召带领 17～18 岁的青少年上天。

美国航天教育的主张便是尽可能让青少年在成长初期就接触航空领域并能积极参与航空实践，如美国国家航空航天局专门开办"儿童太空训练营"，吸收小学生参加为期五天的航空实践培训。培训的内容涉及如下几个方面：学习火箭推动器的飞行与制作原理；动手做模型火箭并自行试射；指导老师介绍太空科学知识；提供太空人训练的真实设备"太空人模拟训练机"，让小学生们积极加入实习培训中来。上述实践内容从不同领域、不同层次给予青少年航空知识与实践的指导，可以说是全方位激发青少年对航空的热情，并且在活动中以生动的形式将颇具难度的航空知识教授给学生。

通过对美国航空早期教育的事例分析，可知我国航空早期教育与美国具有一定差距。我们可以吸收借鉴美国在航空早期教育的优势，并结合我国教育现状，开创出既符合国情又能突显我国教育特色的航空早期教育模式。

综上，从本质上来看，航空技术的竞争就是航空人才的竞争，而航空人才的培育需要我们把注意力从高校毕业生中转移到青少年群体中，从孩子抓起，不断推进航空早期教育的系统化、层次化发展。

参考文献

［1］李夏，何光勤．航空公司非规范运行浅析［J］．经济研究导刊，2010，（15）：115-116.

［2］汪亚卫．展望航空新世纪［M］．北京：航空工业出版社，2007.

［3］刘大响．航空发动机——飞机的心脏［M］．北京：航空工业出版社，2003.

［4］潘卫军，李丘．国际民航组织高级航空培训共享项目及对我国航空职业培训的启示［J］．当代职业教育，2013，（3）：7-10.

［5］钱翼稷．空气动力学［M］．北京：航空航天大学出版社，2004.

［6］罗亮生．大众航空［M］．北京：航空工业出版社，2005.

［7］秦菊波，肖华锋，易申波．航空事业管理概论［M］．北京：航空工业出版社，2010.

［8］边若鹏，周欣荣，郭强．空气动力学发展简史及展望［J］．硅谷，2011，（16）：30.

［9］王旭东，韩建昌．大家的天空——航空文化与通用航空［M］．北京：航空工业出版社，2014.

［10］谢础，贾玉红．航空航天技术概论［M］．北京：北京航空航天大学出版社，2008.

［11］张伟．航空发动机［M］．北京：航空工业出版社，2008.

［12］方昌德．航空发动机的发展历程［M］．北京：航空工业出版社，2007.

［13］周宇静，何艳斌．国内通用航空发展现状概览［J］．中国民用航空，2011，（12）：15-17.

［14］王细洋．航空概论［M］．北京：航空工业出版社，2004.

［15］陶梅贞．现代飞机结构综合设计［M］．西安：西北工业大学出版社，2001.

［16］曹允春．临空经济：速度经济时代的增长空间［M］．北京：

经济科学出版社，2009.

　　[17] 徐明友．飞行动力学［M］．北京：科学出版社，2003.

　　[18] 李业惠．飞机发展历程［M］．北京：航空工业出版社，2007.

　　[19] 张耀良，韩广才．航空材料学［M］．哈尔滨：哈尔滨工程大学出版社，2002.

　　[20] 王春利．航空航天推进系统［M］．北京：北京理工大学出版社，2004.

　　[21] 何庆芝．航空航天概论［M］．北京：北京航空航天大学出版社，1997.

　　[22] 陈蓓蓓．我国通用航空产业及产业链研究［D］．南京航空航天大学，2013.

　　[23] 韩冰，张秋菊，徐世录．无人战斗机的现状与发展趋势［J］．飞航导弹，2005，(10)：45-49.

　　[24] 耿明斋，张大卫．航空经济概论［M］．北京：人民出版社，2015.

　　[25] 李薇．关于民用航空运输地面服务企业建设企业文化价值体系的思考［J］．商业文化（下半月），2010，(10)：162-163.

　　[26] 杨华保．飞机原理与构造［M］．西安：西北工业大学出版社，2002.

　　[27] 李成智．飞机百年发展与空气动力学［J］．力学与实践，2003，(6)：1-13.

　　[28] 耿建华，王霞，谢钧．通用航空概论［M］．北京：航空工业出版社，2007.

　　[29] 陈尘．航空航天运输系统用纳米复合材料的开发趋向［J］．航空维修与工程，2007，(2)：19-21.

　　[30] 高晓光．航空军用飞行器导论［M］．西安：西北工业大学出版社，2004.